Abdelhafid Mimouni

Péptidos e metais: decifração bioinorgânica

Abdelhafid Mimouni

Péptidos e metais: decifração bioinorgânica

ScienciaScripts

Imprint

Cover image: www.ingimage.com

This book is a translation from the original published under ISBN 978-3-639-54469-5.

Publisher:
Sciencia Scripts
is a trademark of
Dodo Books Indian Ocean Ltd. and OmniScriptum S.R.L publishing group

120 High Road, East Finchley, London, N2 9ED, United Kingdom
Str. Armeneasca 28/1, office 1, Chisinau MD-2012, Republic of Moldova, Europe
Managing Directors: Ieva Konstantinova, Victoria Ursu
info@omniscriptum.com

Printed at: see last page
ISBN: 978-620-8-38638-2

"Péptidos e metais: descodificação bioinorgânica

Autor : Dr. Abdelhafid Mimouni : Investigador independente em química

Doutor em Química pela Universidade de Paris XII

(1997) e um Diplôme des Études Approfondies en Systèmes Bioinorganiques

pela Universidade de Paris XI (93), uma licenciatura e um mestrado em química (91,

92).

Resumo: Este livro explora o impacto crescente dos **complexos metal-peptídeo** na química bioinorgânica e o seu papel essencial na biologia e medicina modernas. Examina a estrutura, a síntese e as propriedades dos **péptidos**, a sua interação com **metais essenciais**, como o cobre, o zinco e o ferro, e a sua aplicação em processos biológicos vitais. Abrangendo tópicos como a **regulação enzimática, a proteção celular** e **os tratamentos antimicrobianos**, o livro apresenta exemplos concretos de aplicações terapêuticas no **cancro**, nas **doenças neurodegenerativas** e **na terapia genética**. Explora também os desafios técnicos da conceção de **complexos selectivos e estáveis**, ao mesmo tempo que destaca **os avanços recentes** que facilitam a investigação através da **inteligência artificial** e **da modelização molecular**. Este livro é um recurso abrangente para compreender os desafios actuais e as perspectivas futuras dos péptidos metálicos em aplicações biomédicas.

Índice

Introdução

Os péptidos metálicos representam um dos avanços mais fascinantes e promissores da química bioinorgânica, da biotecnologia e da medicina moderna. Combinando a flexibilidade dos **péptidos**, que são cadeias de aminoácidos capazes de interagir especificamente com uma variedade de alvos biológicos, com as propriedades únicas dos **metais essenciais** no corpo humano, estes complexos desempenham um papel fundamental numa vasta gama de processos biológicos. A sua capacidade de ligar iões metálicos, de modular a estabilidade e a atividade das proteínas e de intervir em mecanismos vitais como **a reparação do ADN, o metabolismo celular** e **a resposta imunitária**, tornam-nos intervenientes indispensáveis na **biologia celular**.

Na interface entre a química e a biologia, a investigação sobre os **complexos metal-peptídeo** registou um crescimento espetacular nas últimas décadas. Esta disciplina permite não só compreender **as interações dos metais nos sistemas biológicos**, mas também conceber ferramentas terapêuticas inovadoras. Estes **complexos** encontraram aplicações particularmente promissoras em domínios tão diversos como **a medicina de precisão**, o tratamento **do cancro, a terapia genética** e a luta contra as **infecções multirresistentes**. O seu potencial é reforçado pelos progressos recentes das **tecnologias de modelização, da inteligência artificial** e **das nanotecnologias**, que permitem racionalizar a conceção e prever a eficácia de novos complexos metal-peptídeo antes da sua síntese.

O objetivo deste livro é explorar em profundidade este campo emergente, fornecendo uma visão abrangente dos **fundamentos teóricos** e das **aplicações práticas** dos complexos metal-peptídeo nas ciências biomédicas. Abordaremos a estrutura e a síntese dos péptidos, os mecanismos pelos quais se coordenam com os metais, o seu papel crucial na regulação biológica e a sua utilização em aplicações terapêuticas inovadoras. Além disso, analisaremos os desafios técnicos encontrados na conceção destes complexos, as perspectivas oferecidas pela **inteligência artificial** e pela **modelização informática** e, por último, apresentaremos uma panorâmica das **descobertas recentes** e do seu impacto potencial nos futuros tratamentos médicos.

Este livro destina-se a investigadores, estudantes e profissionais dos domínios da **química bioinorgânica**, **da biomedicina**, **da farmacologia** e **da biotecnologia**, bem como a todos os interessados na inovação no domínio das **terapias moleculares**. O objetivo é fornecer um recurso abrangente que reúna os conhecimentos actuais, os desafios e as perspectivas futuras dos complexos metal-peptídeo, um tema que continuará, sem dúvida, a evoluir e a desempenhar um papel central na **inovação biomédica**.

Capítulo 1: Péptidos: estruturas, síntese e propriedades

1.1 Definição de péptidos e proteínas

Os péptidos e **as proteínas** são macromoléculas biológicas essenciais em muitos processos biológicos, mas diferem em tamanho e estrutura. Um péptido é uma cadeia de **resíduos de aminoácidos** ligados por **ligações peptídicas**. Os péptidos são geralmente mais pequenos do que as proteínas e podem variar entre alguns aminoácidos e cerca de 50 resíduos. As proteínas, por outro lado, são macromoléculas maiores, compostas por centenas a milhares de aminoácidos. Uma proteína pode conter uma ou mais cadeias polipeptídicas que estão organizadas de forma complexa para desempenhar funções biológicas específicas.

Os aminoácidos são os blocos de construção dos péptidos e das proteínas. Existem 20 aminoácidos padrão, que se distinguem pelas suas cadeias laterais (ou grupos R). Estas cadeias laterais conferem a cada aminoácido propriedades químicas únicas, influenciando a estrutura e a função dos péptidos e das proteínas. A **ligação peptídica** é formada entre o grupo amina (NH_2) de um aminoácido e o grupo carboxilo (COOH) de outro, com a eliminação de uma molécula de água (condensação).

1.2 Estruturas fundamentais e importância biológica

Os péptidos e as proteínas têm estruturas tridimensionais que são cruciais para a sua função biológica. Estas estruturas estão organizadas de acordo com quatro níveis de complexidade:

- **Estrutura primária**: É a sequência linear de aminoácidos no péptido ou na proteína, determinada pela informação genética contida no ADN.
- **Estrutura secundária**: Os segmentos da cadeia polipeptídica dobram-se em padrões regulares, como as hélices alfa (α) e as folhas beta (β), estabilizados por **ligações de hidrogénio**.
- **Estrutura terciária**: É a dobragem global da cadeia polipeptídica no espaço tridimensional. Esta dobragem é estabilizada por interações não covalentes, tais como **forças hidrofóbicas**, **ligações iónicas** e **pontes dissulfureto**.
- **Estrutura quaternária**: Algumas proteínas são constituídas por várias cadeias polipeptídicas que se unem para formar uma estrutura mais complexa (por exemplo, as hemoglobinas são constituídas por quatro subunidades).

A importância biológica dos péptidos e das proteínas é incomensurável. Desempenham um papel crucial em praticamente todos os processos biológicos: regulação do metabolismo, transmissão de sinais celulares, resposta imunitária, catálise de reacções bioquímicas (enzimas), e muitos outros. Por exemplo, os péptidos como a **insulina** são essenciais para a regulação dos níveis de açúcar no sangue e para a homeostasia do metabolismo energético.

1.3 Exemplos: A insulina e o seu papel fundamental no metabolismo da glucose

A insulina é um péptido composto por 51 aminoácidos e é um dos exemplos mais conhecidos de péptidos com uma função biológica vital. É produzida pelas **células beta** dos ilhéus de Langerhans no pâncreas e desempenha um papel central no metabolismo da glucose. Quando um indivíduo consome hidratos de carbono, a concentração de glicose no sangue aumenta. Em resposta, a insulina é segregada para a corrente sanguínea, onde facilita a absorção da glicose pelas células, em particular pelas células musculares e hepáticas, para utilização como fonte de energia ou para armazenamento sob a forma de glicogénio.

A insulina ajuda também a regular a produção de **glucagon**, outra hormona pancreática, para manter uma concentração estável de glicose no sangue. As disfunções na produção ou na ação da insulina estão na origem de patologias como a **diabetes de tipo 1** (em que a produção de insulina é insuficiente) e **a diabetes de tipo 2** (em que as células se tornam resistentes à insulina). Esta hormona é, por conseguinte, um exemplo-chave de um péptido com implicações importantes para a biologia e a medicina.

1.4 Métodos de síntese de péptidos

A síntese de péptidos é um procedimento utilizado para criar péptidos artificiais em laboratório. Existem vários métodos para realizar esta síntese, dependendo das necessidades do investigador e das caraterísticas do péptido.

- **Síntese de péptidos de resina sólida (SPPS)**: **A síntese de péptidos de resina sólida (SPPS)** é o método mais utilizado para a produção de péptidos em laboratório. Baseia-se na construção sequencial da cadeia peptídica numa resina sólida, com a adição sucessiva de resíduos de aminoácidos protegidos. Cada aminoácido é adicionado um a um e, após cada passo da reação, a cadeia é lavada para eliminar os subprodutos. Uma vez concluída a sequência, o péptido é clivado da resina e purificado.

Este método é rápido, mas pode ter limitações no caso de péptidos longos ou de péptidos difíceis de sintetizar.

- **Síntese química**: Existem também **métodos químicos** que utilizam reagentes para ligar aminoácidos em solução. Estes métodos podem ser adaptados a péptidos específicos e complexos, particularmente quando são necessárias modificações químicas. Permitem também a modificação da cadeia peptídica, como a introdução de resíduos não naturais ou modificações pós-tradução.
- **Expressão em sistemas biológicos**: Para péptidos mais complexos ou quando são necessárias grandes quantidades, pode ser utilizada **a síntese recombinante** através de sistemas biológicos (bactérias, leveduras ou células de mamíferos). Neste processo, o gene que codifica o péptido de interesse é inserido num vetor, que é depois introduzido numa célula hospedeira. A célula hospedeira produz então o péptido, que pode depois ser purificado. Este método é particularmente útil para péptidos de grandes dimensões ou quando é necessária uma forma modificada ou específica.

1.5 Avanços na modificação de péptidos para aplicações biomédicas

Os péptidos têm um grande potencial para **aplicações biomédicas**. No entanto, para os tornar mais eficazes, estáveis e específicos, são frequentemente introduzidas várias **modificações químicas** e **estruturais** na sua conceção.

- **Péptidos modificados para estabilidade**: Os péptidos podem ser rapidamente degradados pelas enzimas do organismo. Para melhorar a sua **estabilidade**, são frequentemente efectuadas modificações, como a incorporação **de análogos da ligação peptídica** (por exemplo, amidas ou a utilização de D-aminoácidos). Isto aumenta o seu prazo de validade no organismo e melhora a sua eficácia terapêutica.
- **Modificação da especificidade**: Os péptidos podem também ser modificados para aumentar a sua **especificidade** em relação a alvos biológicos específicos, tais como receptores de membrana, proteínas ou biomoléculas envolvidas em processos patológicos. Por exemplo, foram desenvolvidos péptidos **imunomoduladores** ou **antimicrobianos** para tratar doenças infecciosas ou perturbações do sistema imunitário.
- **Péptidos terapêuticos e biomateriais**: Os péptidos são também utilizados na conceção de **biomateriais** e **nanomedicina**. A sua

capacidade de se ligarem a metais, de se auto-montarem ou de interagirem com sistemas biológicos específicos torna-os particularmente interessantes para a **administração de medicamentos**, a imagiologia médica e os dispositivos biomédicos.

Capítulo 2: Os metais na biologia

2.1 Metais essenciais em sistemas biológicos

Os metais desempenham um papel fundamental nos sistemas biológicos. Estão envolvidos em muitas funções bioquímicas, desde a catálise enzimática até à regulação da expressão genética. Estes elementos metálicos, frequentemente designados por **metais vestigiais** ou **metais essenciais**, são necessários à vida, embora muitas vezes em pequenas quantidades. Os principais metais essenciais nos sistemas biológicos são :

- **Cobre (Cu)**: O cobre é um metal de transição essencial em muitas enzimas e proteínas. Está envolvido em processos como a **respiração celular**, a **formação de tecido conjuntivo** e a **desintoxicação de radicais livres**.
- **Ferro (Fe)**: O ferro é um dos metais mais estudados em biologia devido ao seu papel crítico no transporte de oxigénio e nas reacções **de oxidação-redução**. É essencial para proteínas como a **hemoglobina** e **a mioglobina**.
- **Zinco (Zn)**: Embora frequentemente presente em pequenas quantidades, o zinco desempenha um papel fundamental na estrutura e função de muitas **proteínas metálicas**. Está envolvido

na **catálise enzimática**, na regulação da **expressão genética** e na estabilização das estruturas proteicas.

- **Cobalto (Co)**: O cobalto é um elemento-chave da **cobalamina** (vitamina B12), uma coenzima essencial para a síntese de **ácidos nucleicos** e para o metabolismo energético.
- **Actinídeos e lantanídeos**: Embora não sejam tão amplamente estudados em sistemas biológicos como os metais acima referidos, alguns actinídeos e lantanídeos (como o **urânio**, o **tório**, o **cério** e **o lantânio**) podem interagir com sistemas biológicos em contextos muito específicos, embora o seu papel biológico esteja menos estabelecido.

A importância destes metais reside não só na sua presença, mas também na sua capacidade de interagir com ligandos biológicos (como péptidos e proteínas) para formar **complexos metálicos**, que são essenciais para a regulação e atividade de muitos processos biológicos.

2.2 Exemplos: ferro na hemoglobina e cobre na citocromo C oxidase

Os metais estão frequentemente no centro de estruturas bioquímicas complexas que desempenham funções biológicas vitais. Dois exemplos emblemáticos são :

- **Ferro na hemoglobina**: A hemoglobina, a proteína responsável pelo transporte de oxigénio no sangue, contém átomos **de ferro (Fe^{2+})** num grupo **heme**, uma estrutura que se liga reversivelmente ao oxigénio. Esta capacidade do ferro para se ligar ao oxigénio e libertá-lo nos tecidos é crucial para a **homeostase dos gases respiratórios**.
- **Cobre na citocromo C oxidase**: O cobre desempenha um papel essencial na **cadeia de transporte de electrões** nas **mitocôndrias**. **A citocromo C oxidase**, um complexo enzimático que contém átomos de cobre, é responsável pela redução do **oxigénio molecular** a **água**, um passo fundamental na produção de ATP através da **fosforilação oxidativa**.

Estes dois exemplos ilustram a importância do ferro e do cobre em processos vitais como a respiração celular e o transporte de gases respiratórios, realçando a forma como os metais actuam como elementos catalíticos em sistemas biológicos complexos.

2.3 Propriedades químicas dos metais e seu papel na bioquímica celular

Os metais essenciais têm propriedades químicas únicas que os tornam adequados para funções biológicas específicas. Estas propriedades incluem a sua capacidade de formar **complexos metálicos** com ligandos orgânicos (proteínas, péptidos, ADN), bem como de participar em **reacções redox**. Eis algumas propriedades importantes dos metais na biologia:

- **Propriedades redox**: O ferro, o cobre e outros metais de transição são particularmente conhecidos pela sua capacidade de sofrerem alterações no estado de oxidação. Estas alterações são fundamentais para a catálise de reacções bioquímicas, como nas enzimas **oxidoredutases** (por exemplo, **citocromo C oxidase** e **redutase**).
- **Coordenação e complexação**: Os metais de transição têm a capacidade de **coordenar** ligandos, ou seja, de formar complexos em que o metal está ligado a átomos de azoto, oxigénio ou enxofre de ligandos (de aminoácidos, péptidos ou ácidos nucleicos). Por exemplo, **o zinco** nas **metaloproteínas** (como as **zincoenzimas**) desempenha um papel essencial na catálise enzimática, estabilizando as cargas e facilitando as reacções bioquímicas.
- **Comportamento ácido-base**: Certos metais, nomeadamente o zinco e o cobre, estão envolvidos na regulação do pH nos

sistemas biológicos, o que é essencial para manter o equilíbrio ácido-base das células e dos tecidos.

Estas propriedades permitem que os metais desempenhem uma variedade de funções cruciais na **bioquímica celular**. Por exemplo, as enzimas metaloproteicas, que contêm metais no seu sítio ativo, catalisam reacções bioquímicas como a hidrólise, a redução e a oxidação, facilitando processos como a síntese de proteínas, a degradação de nutrientes e a regulação metabólica.

2.4 Zinco em metaloproteínas e prata em péptidos antimicrobianos

Zinco em metaloproteínas: O zinco é um metal essencial numa variedade de **metaloproteínas**. Está frequentemente presente em enzimas como as **anidrases carbónicas** e **as peptidases**. O zinco desempenha um papel estabilizador na estrutura das proteínas e está envolvido na **catálise enzimática**. Por exemplo, nas **enzimas de reparação do ADN**, o zinco é utilizado para facilitar a reparação de quebras na cadeia de ADN, o que é crucial para a manutenção da integridade genética.

Prata em péptidos antimicrobianos: **A prata** é um metal com propriedades antimicrobianas notáveis. **Os péptidos antimicrobianos** que contêm prata são utilizados em várias aplicações médicas para combater infecções bacterianas. A prata exerce uma ação biocida ao romper as membranas celulares das bactérias e ao interferir com os seus processos enzimáticos. Por exemplo, os complexos de péptidos de prata são cada vez mais utilizados em **pensos antimicrobianos** e **dispositivos médicos** para prevenir infecções nosocomiais.

Estes exemplos demonstram a importância dos metais não só nas funções enzimáticas e biológicas básicas, mas também em aplicações biomédicas inovadoras, como o controlo de infecções e a gestão de doenças associadas a deficiências de metais.

Capítulo 3: Formação de complexos metal-peptídeo

3.1 Mecanismos de coordenação de péptidos com metais: monodentados, bidentados e polidentados

A formação de **complexos metal-peptídeo** baseia-se na capacidade dos péptidos de interagirem com iões metálicos através de ligações **de coordenação**. Os péptidos, que são constituídos por cadeias de aminoácidos, podem ligar-se a metais através de grupos funcionais nos seus resíduos, tais como grupos amina, carboxilo, enxofre (tiol) ou azoto. Esta interação, conhecida como **coordenação**, pode ocorrer de diferentes formas, dependendo do número de locais de coordenação disponíveis na cadeia peptídica e da natureza do metal envolvido.

- **Coordenação monodentada**: Neste caso, apenas um átomo ou grupo funcional de um péptido se liga ao ião metálico. Por exemplo, um grupo amina ($-NH_2$) pode ligar-se a um ião metálico, formando um **complexo monodentado**. Este tipo de ligação é geralmente mais fraco e menos estável, mas pode ser útil em sistemas onde é necessária uma interação temporária ou reversível.
- **Coordenação bidentada**: Aqui, dois átomos ou grupos funcionais do péptido ligam-se a um metal central. Forma-se

assim um **complexo bidentado**, que é mais estável do que o complexo monodentado devido à **quelação**. Por exemplo, os resíduos de aminoácidos, como a histidina, podem ligar-se ao metal através do seu átomo de azoto e enxofre ou carboxilo, permitindo a formação de complexos bidentados.

- **Coordenação polidentada**: Este tipo de coordenação envolve a ligação de vários átomos ou grupos funcionais do péptido a um ião metálico, formando um **complexo polidentado**. Os péptidos com resíduos como os aminoácidos que contêm grupos tiol (como a **cisteína**) ou grupos carboxilato podem interagir de forma mais complexa e estável com o metal. Este tipo de coordenação permite interações muito fortes e é crucial para a formação de complexos metálicos em muitas funções biológicas, particularmente em enzimas metaloproteicas.

Os péptidos que podem formar este tipo de complexos são chamados **ligandos** e desempenham um papel essencial na **estabilização dos metais** nos sistemas biológicos. A diversidade destas interações (monodentadas, bidentadas e polidentadas) permite uma elevada **especificidade** e **seletividade**, adaptadas às necessidades bioquímicas do organismo.

3.2 Exemplos: Complexo de cobre com ciclodextrina na terapia do cancro

Um exemplo interessante de complexos metal-peptídeo em biologia é **o complexo de cobre com ciclodextrina**. **A ciclodextrina** é uma pequena estrutura cíclica de hidratos de carbono com propriedades únicas **de quelação** de metais. Esta propriedade está a ser explorada numa série de estratégias terapêuticas, particularmente na **terapia do cancro**.

- **O cobre (Cu^{2+}) é** um metal essencial envolvido em muitos processos biológicos, incluindo a angiogénese (a formação de novos vasos sanguíneos), um processo fundamental na progressão de tumores cancerígenos. O excesso de cobre nas células tumorais promove o crescimento do tumor e a resistência aos tratamentos anti-cancro.
- Neste contexto, **a ciclodextrina** é utilizada para formar um **complexo cobre-ciclodextrina**, que permite que o cobre seja transportado de forma controlada para as células cancerígenas. Este complexo é capaz de libertar lentamente o cobre nas células visadas, inibindo assim o crescimento das células tumorais e minimizando os efeitos tóxicos nas células normais.

Este mecanismo de **administração orientada de cobre** abriu novas vias no tratamento do cancro, explorando a capacidade dos complexos metal-peptídeo para administrar metais em áreas específicas do corpo e interagir com alvos biológicos de uma forma precisa.

3.3 Papel dos péptidos na estabilização dos iões metálicos: estabilidade termodinâmica e especificidade

Os péptidos desempenham um papel crucial na **estabilização dos iões metálicos** em vários processos biológicos. Esta capacidade é determinada por vários factores, incluindo **a especificidade do péptido** para certos metais e a estabilidade termodinâmica dos complexos que formam.

- **Estabilidade termodinâmica**: Um complexo metal-peptídeo deve ser suficientemente estável para manter o ião metálico em solução e evitar a sua precipitação ou perda por degradação. A **estabilidade termodinâmica** dos complexos metálicos depende das **interações electrostáticas**, da **quelação** (formação de complexos com vários sítios) e da **disponibilidade de** ligandos no ambiente biológico.
- **Especificidade dos péptidos** : A **especificidade** dos péptidos para certos metais é outro aspeto fundamental da estabilização

dos iões metálicos. Por exemplo, os péptidos como **as metaloproteínas** contêm resíduos especificamente adaptados à ligação de metais como o zinco, o cobre ou o ferro, formando complexos extremamente estáveis. Esta especificidade é crucial para funções biológicas como o transporte de metais, o seu armazenamento ou a sua utilização em reacções enzimáticas.

Os péptidos também regulam **a libertação** e **a absorção** de metais, assegurando que os iões metálicos não se acumulam até atingirem níveis tóxicos nas células. Por exemplo, proteínas como a **ferritina** e **a transferrina** são metaloproteinases que estabilizam os iões metálicos (como o ferro) no organismo, armazenando-os ou facilitando o seu transporte.

3.4 Aplicação de péptidos em cápsulas de armazenamento de metal em processos biológicos

Outra área importante de aplicação dos péptidos metálicos é a sua utilização no **armazenamento e gestão de metais** em sistemas biológicos. Muitas proteínas e péptidos actuam como **cápsulas de**

armazenamento de iões metálicos, desempenhando um papel fundamental no controlo dos metais no organismo.

- **Ferritina**: A ferritina é uma proteína que desempenha um papel essencial no **armazenamento do ferro** nas células. Permite que o ferro seja armazenado numa forma solubilizada e biodisponível, reduzindo assim o risco de toxicidade associado à presença excessiva de ferro livre. O ferro é armazenado num **núcleo férrico** dentro da ferritina e pode ser libertado quando necessário para processos biológicos como **a síntese da hemoglobina**.
- **Metalotioneínas**: São péptidos **ricos em cisteína** que se podem ligar a iões metálicos como o zinco, o cobre e o cádmio. Desempenham um papel fundamental na **desintoxicação de** metais pesados e na regulação do metabolismo do zinco e do cobre, estando envolvidas nos mecanismos **de proteção celular** contra o stress oxidativo.
- **Cápsulas biomoleculares**: Os péptidos podem também ser utilizados em **cápsulas biomoleculares para o armazenamento controlado** de metais em aplicações de **nanomedicina** e **de administração de medicamentos**. Por exemplo, os péptidos

modificados podem ser utilizados para encapsular iões metálicos em estruturas à escala nanométrica e administrá-los de forma orientada a tecidos específicos.

Estes mecanismos mostram como os péptidos desempenham um papel fundamental no controlo da **disponibilidade de metais** nos sistemas biológicos, um fator crucial em muitos processos biológicos e terapêuticos.

3.5 Dinâmica da formação de complexos metal-peptídeo

A **formação dinâmica** de complexos metal-peptídeo é um processo crucial nas interações biomoleculares. Os péptidos podem ligar-se a um ião metálico de forma reversível, permitindo que a afinidade e a especificidade sejam moduladas de acordo com as condições ambientais. Os factores que influenciam esta dinâmica incluem **o pH, a concentração do metal** e a **presença de outros ligandos** que podem interferir com os locais de coordenação.

Os mecanismos **dinâmicos de quelação** são particularmente importantes nos sistemas biológicos, uma vez que permitem **um controlo fino da disponibilidade de metais**, essencial para processos como o transporte de metais para as células, a regulação da resposta imunitária ou a desintoxicação. Por exemplo, a **estabilidade** dos complexos de cobre com péptidos pode ser influenciada por alterações do pH, permitindo que o sistema adapte a ligação do cobre de acordo com as necessidades biológicas.

3.6 Importância dos complexos metal-peptídeo na catálise bioinorgânica

Outra aplicação essencial dos complexos metal-peptídeo é o seu papel na **catálise bioinorgânica**. Os complexos peptídicos com metais de transição podem atuar como **catalisadores biomiméticos**, acelerando reacções bioquímicas específicas, como a **oxidação** ou **a redução** de certas moléculas. Esta capacidade é explorada em processos como a degradação de poluentes, a síntese de fármacos ou a catálise em sistemas biológicos.

Graças às suas estruturas flexíveis e sítios de coordenação específicos, os péptidos podem induzir alterações conformacionais que favorecem a ativação de sítios catalíticos metálicos. Por exemplo, os complexos metal-peptídeo contendo **cobre** ou **zinco** podem catalisar reacções **de**

redução ou **oxidação**, desempenhando um papel semelhante ao das enzimas metaloproteicas nos sistemas biológicos.

Estes complexos podem também ser concebidos para funcionar em **condições moderadas**, o que os torna adequados para aplicações em catálise verde ou em ambientes biológicos sensíveis, como células vivas ou tecidos humanos.

3.7 Aplicações dos complexos metal-peptídeo em medicina

Os complexos metal-peptídeo têm um potencial considerável em **medicina**, particularmente em **terapias orientadas** e **tratamentos contra o cancro**. Devido à sua capacidade de se ligarem especificamente a iões metálicos, os peptídeos podem ser utilizados para criar **fármacos orientados** que entregam iões metálicos a células ou tecidos específicos, oferecendo um tratamento mais preciso e eficaz.

Um exemplo desta aplicação é a utilização de complexos metal-peptídeo na **terapia do cancro**. Os péptidos metálicos podem ser concebidos para se ligarem a células tumorais específicas, libertando depois iões metálicos que interagem com proteínas essenciais para o crescimento do tumor. **O cobre** e **a platina**, por exemplo, são metais amplamente utilizados em tratamentos contra o cancro. Neste contexto, os complexos de cobre ou de platina associados a péptidos podem ligar-se a locais específicos das células cancerosas e libertar metais, induzindo efeitos citotóxicos.

Os complexos metal-peptídeo estão também a ser estudados pelo seu potencial em tratamentos **antimicrobianos**, particularmente na luta contra os agentes patogénicos resistentes aos antibióticos. Os péptidos antimicrobianos que se ligam a iões metálicos podem romper a parede celular dos micróbios ou interferir com processos biológicos essenciais, oferecendo uma nova abordagem para o tratamento de infecções difíceis de erradicar.

3.8 Aplicações industriais dos complexos metal-peptídeo

Para além da biologia e da medicina, os complexos metal-peptídeo também têm aplicações em sectores industriais como **a biotecnologia**, **a energia** e **a proteção ambiental**. A sua capacidade de capturar, armazenar e libertar metais específicos de forma controlada pode ser utilizada em processos como a **gestão de recursos metálicos**, **a bioetalurgia** e **o tratamento de águas residuais**.

Por exemplo, certos complexos metal-peptídeo podem ser utilizados em **sistemas de captura de carbono**, em que metais como o **cobre** ou **o níquel** desempenham um papel na conversão do dióxido de carbono (CO_2) em moléculas orgânicas, num processo semelhante à fotossíntese. Na bioetalurgia, os péptidos metálicos podem ser utilizados para extrair metais preciosos ou raros de forma mais selectiva e eficiente, reduzindo o impacto ambiental da extração tradicional.

Capítulo 4: Peptídeos metálicos na regulação biológica

Os péptidos metálicos desempenham um papel fundamental na **regulação biológica** dos processos celulares, nomeadamente enquanto moduladores da atividade enzimática e intervenientes em mecanismos complexos de sinalização celular. Estes complexos, que resultam da interação dos péptidos com iões metálicos, estão envolvidos em numerosas funções fisiológicas, que vão desde a regulação da atividade enzimática até à sinalização intracelular e à resposta ao stress oxidativo.

4.1 Modulação da atividade enzimática por complexos metal-peptídeo

Os complexos metal-peptídeo são essenciais para modular a atividade enzimática, particularmente em processos em que **os metais de transição** desempenham um papel catalítico. Os iões metálicos, quando coordenados a péptidos, podem ativar ou inibir certas enzimas, dependendo da sua capacidade de interagir com sítios activos específicos. Por exemplo, **o zinco**, o **cobre** e **o manganês** estão frequentemente envolvidos na regulação das **metaloproteínas** e das **metaloenzimas**.

Um exemplo importante é a inibição de **metal proteases** e **fosfatases** por péptidos metálicos. Estes podem ligar-se a iões metálicos presentes nos locais activos das enzimas e modificar a sua atividade, inibindo ou activando a sua função. Por exemplo, certos péptidos que contêm ligandos **de zinco** ou **de cobre** são utilizados para inibir enzimas específicas envolvidas em processos patológicos, como as doenças neurodegenerativas.

4.2 Peptidomiméticos e sua interação com metais

Os peptidomiméticos são moléculas sintéticas que imitam a estrutura e a função dos péptidos naturais, mas são mais estáveis e mais fáceis de modificar. Estas moléculas podem ligar-se a metais específicos para induzir efeitos terapêuticos específicos. No contexto das **doenças neurodegenerativas**, como a **doença de Alzheimer** e a **doença de Parkinson**, foram desenvolvidos peptidomiméticos para interagir com metais como o **cobre** ou **o zinco** e modular a atividade de enzimas envolvidas na patologia destas doenças.

Um exemplo bem conhecido é a utilização de peptidomiméticos que contêm sítios de coordenação para o **cobre** para inibir a enzima **beta-secretase**, que está envolvida na formação de placas amilóides no cérebro dos doentes de Alzheimer. A inibição desta enzima por péptidos metálicos poderia potencialmente retardar a progressão da doença, reduzindo a formação de placas e atenuando os sintomas neurodegenerativos.

4.3 Peptídeos metálicos nos mecanismos de sinalização celular

Os péptidos metálicos desempenham também um papel fundamental na **sinalização celular**, um processo essencial para a comunicação entre as células e a regulação de funções biológicas complexas. Os iões metálicos, como o **cálcio**, **o zinco** e **o cobre**, actuam como **segundos mensageiros** em várias vias de sinalização intracelular, influenciando processos como a **proliferação celular**, **a diferenciação** e **a resposta ao stress**.

Os complexos zinco-peptídeo, em particular, estão envolvidos na regulação dos **receptores intracelulares** e na **reparação do ADN**. Por exemplo, os péptidos que contêm iões de zinco podem interagir com **receptores nucleares** e modular a sua atividade na **reparação do ADN** após danos causados por radicais livres ou radiação. Esta interação entre o zinco e os péptidos poderia favorecer **a reparação das lesões do ADN**, activando as proteínas envolvidas na **reparação por excisão de bases** ou na **reparação por recombinação homóloga**, dois mecanismos essenciais para a manutenção da integridade genómica.

4.4 Descoberta recente : A utilização do complexo zinco-peptídeo na reparação do ADN

Investigações recentes destacaram a utilização de **complexos zinco-peptídeo** na reparação do ADN. **O zinco**, como metal essencial em várias enzimas envolvidas na reparação do ADN, pode ligar-se a péptidos para ativar ou estabilizar as proteínas de reparação. Por exemplo, alguns péptidos que contêm zinco ligam-se a **receptores de reparação do ADN**, como **as proteínas da família dos dedos de zinco**, para induzir a reparação de quebras da cadeia de ADN. Estes complexos podem melhorar **o reconhecimento de lesões no ADN** e facilitar **a reparação de danos**, o que é crucial para manter a estabilidade genómica e prevenir doenças relacionadas com mutações, como o cancro.

Uma aplicação terapêutica interessante para estes complexos zinco-peptídeos poderia ser a sua utilização no **tratamento do cancro**, em que a rápida reparação do ADN das células tumorais é essencial para a sua sobrevivência. Ao visar os mecanismos de reparação do ADN das células cancerosas, seria possível aumentar a sua suscetibilidade aos tratamentos quimioterapêuticos ou às radiações, reduzindo simultaneamente os danos causados às células normais.

Capítulo 5: Complexos metal-peptídeo e propriedades antimicrobianas

Os complexos metal-peptídeo representam uma abordagem promissora para combater **as infecções bacterianas**, particularmente face ao aumento da resistência antimicrobiana. Estes complexos exploram as propriedades únicas dos péptidos, que podem interagir com iões metálicos para criar estruturas capazes de desestabilizar as membranas celulares das bactérias e inibir o seu crescimento. **O cobre,** em particular, é um metal essencial nesta aplicação, devido às suas propriedades biocidas e à sua capacidade de interagir eficazmente com os péptidos antimicrobianos para aumentar a sua atividade.

5.1 Peptídeos antimicrobianos e interações metal-peptídeo : O papel dos complexos cobre-peptídeo no controlo da infeção bacteriana

Os péptidos antimicrobianos (PAM) são pequenas cadeias de aminoácidos que possuem atividade antimicrobiana contra uma vasta gama de agentes patogénicos, incluindo bactérias, vírus e fungos. Estes péptidos exercem a sua atividade através de vários mecanismos, incluindo a rutura das membranas celulares, a inibição da síntese proteica ou a alteração do metabolismo celular dos micróbios.

Quando um peptídeo antimicrobiano se liga a um íon metálico, como o **cobre (Cu^{2+}), a formação de complexos metal-peptídeo** pode aumentar significativamente a eficácia do peptídeo. O cobre, em particular, tem propriedades anti-infecciosas notáveis devido à sua capacidade de gerar **radicais livres** através de reacções redox, perturbando a integridade da membrana e inibindo funções enzimáticas essenciais para as bactérias.

Os complexos **cobre-peptídeo** exploram esta capacidade dirigindo os iões metálicos para locais específicos da membrana celular bacteriana, permitindo que o péptido se integre melhor na membrana e provoque a sua degradação. Além disso, os iões de cobre podem ligar-se a locais específicos dos péptidos antimicrobianos, aumentando a sua potência antimicrobiana e reduzindo o risco de resistência bacteriana.

5.2 Exemplos concretos: O péptido de polimixina B e os seus complexos com cobre para melhorar a eficácia contra bactérias resistentes

A polimixina B é um péptido antimicrobiano bem conhecido pela sua atividade contra bactérias gram-negativas, em particular agentes patogénicos multi-resistentes como a **Pseudomonas aeruginosa e a Escherichia coli**. Este péptido actua principalmente através da interação com **os fosfolípidos** da membrana bacteriana, levando a uma perda de integridade da membrana e à morte celular.

Complexos de polimixina B com iões Cu^{2+} têm mostrado resultados promissores na **amplificação da atividade antimicrobiana** contra estirpes bacterianas resistentes. A ligação do cobre ao peptídeo promove **a integração do peptídeo na membrana lipídica**, superando algumas formas de resistência antimicrobiana. Além disso, o ião cobre induz a produção de **radicais hidroxilo** e outras espécies reactivas de oxigénio (ROS), causando mais danos às células bacterianas e contribuindo para a eficácia global do tratamento. Este fenómeno é particularmente importante na luta contra bactérias como **a Klebsiella pneumoniae** ou **a Acinetobacter baumannii**, que são frequentemente responsáveis por infecções hospitalares graves.

5.3 Estudos sobre os péptidos antimicrobianos e a sua capacidade de penetrar nas membranas celulares

Uma das principais caraterísticas dos péptidos antimicrobianos é a sua capacidade de atravessar **as membranas celulares**, permitindo-lhes atingir os seus alvos intracelulares. **Os complexos metal-peptídeo**, particularmente os que contêm iões **de cobre**, aumentam esta capacidade de penetração devido à interação do metal com a membrana lipídica, facilitando a entrada do péptido na célula-alvo.

Estudos sobre os **mecanismos de penetração** dos complexos metal-peptídeo mostraram que o ião metálico aumenta a interação do peptídeo com a **bicamada lipídica** das membranas bacterianas, promovendo a formação de **poros** ou **canais** na membrana. Uma vez no interior, os complexos metal-peptídeo podem alterar as funções internas da célula, por exemplo, interferindo na **síntese de proteínas**, no **ADN** ou **no metabolismo energético** da bactéria, levando à sua morte.

A investigação demonstrou que a eficácia dos complexos cobre-peptídeo reside na sua capacidade de gerar **radicais livres** que aumentam a permeabilidade da membrana celular, permitindo que os péptidos antimicrobianos atinjam mais facilmente o seu alvo. Por conseguinte, estes complexos são capazes de penetrar eficazmente nas membranas bacterianas, minimizando os potenciais efeitos secundários para as células humanas.

5.4 Descoberta marcante: A Série de Peptídeos Derivados da Lacticina pela sua eficácia antimicrobiana quando complexados com iões Cu^{2+}.

Uma descoberta marcante no campo dos péptidos antimicrobianos complexados com iões metálicos é a utilização de péptidos derivados da **lacticina**, um péptido antimicrobiano **de** origem **lactobacilar**. Quando combinados com iões **Cu^{2+}**, estes péptidos demonstraram **uma maior atividade antimicrobiana**, particularmente contra estirpes bacterianas resistentes aos antibióticos convencionais.

As lacticinas, que são péptidos catiónicos, podem ligar-se a iões **de cobre** para formar complexos estáveis que aumentam a sua capacidade de interagir com as membranas bacterianas. Uma vez formado o complexo, os iões de cobre desempenham um papel catalítico na geração de **radicais livres** e outras espécies reactivas de oxigénio, que rompem as membranas e conduzem ao colapso da célula bacteriana. Além disso, os péptidos de lacticina complexados com cobre são capazes de penetrar mais facilmente nas membranas celulares e desestabilizar funções biológicas críticas nas bactérias.

Esta abordagem poderia constituir uma nova via terapêutica para o tratamento de infecções causadas por bactérias multi-resistentes, nomeadamente no contexto da **resistência aos antibióticos**.

Capítulo 6: Aplicações em medicina e terapia genómica

Os péptidos e **os complexos metal-peptídeo** desempenham um papel cada vez mais importante na **medicina**, nomeadamente no **tratamento do cancro** e na **terapia genética**. A sua capacidade de interagir especificamente com alvos biológicos e de serem facilmente modificados para uma ação específica torna-os inestimáveis para o desenvolvimento de novas abordagens terapêuticas. Neste capítulo, exploramos a forma como a química dos péptidos, combinada com iões metálicos, abre caminho a tratamentos inovadores e a estratégias de terapia genética mais eficazes.

6.1 Química dos péptidos em medicina: péptidos terapêuticos e sua utilização no tratamento do cancro

Os péptidos terapêuticos são cada vez mais utilizados no tratamento de uma série de patologias, incluindo o cancro. Graças à sua pequena dimensão, flexibilidade e capacidade de se ligarem especificamente a alvos biológicos, os péptidos são capazes de modular as vias biológicas de forma precisa. Ao contrário das pequenas moléculas tradicionais, os péptidos podem ter como alvo receptores ou proteínas específicos, minimizando os efeitos secundários indesejados e maximizando a eficácia do tratamento.

No cancro, os péptidos terapêuticos podem ser utilizados para uma série de fins:

- **Inibem o crescimento do tumor**, visando receptores ou proteínas específicos que promovem a proliferação celular.
- **Indução** orientada **da morte celular** (apoptose).
- **Melhorar a administração de medicamentos**, aumentando a penetração nas células cancerígenas.
- **Ajuda a reparar os tecidos** danificados pela quimioterapia.

Exemplos de péptidos terapêuticos incluem péptidos **antitumorais** e **peptidomiméticos** que actuam através da inibição de proteínas oncogénicas, como a **Bcl-2**, que estão frequentemente sobre-expressas nas células tumorais.

6.2 Aplicação de complexos metalo-peptídeo na terapia do cancro: complexos platino-peptídeo em quimioterapia e seu mecanismo de ação

Os complexos **metal-peptídeo** têm mostrado resultados promissores no domínio da quimioterapia do cancro, em particular **os complexos platina-peptídeo**. **A platina**, como metal de transição, é utilizada há décadas em agentes quimioterapêuticos como a **cisplatina**, conhecida pela sua capacidade de interagir com o ADN e inibir a replicação celular. No entanto, a cisplatina tem efeitos secundários significativos, incluindo toxicidade renal.

A combinação de **péptidos com iões de platina** permite ultrapassar alguns destes inconvenientes. O péptido pode ajudar a **atingir especificamente as células tumorais**, melhorando a eficácia da quimioterapia e reduzindo os efeitos secundários. O mecanismo de ação dos complexos de platina-peptídeo baseia-se em várias etapas:

1. **Ligação ao complexo de ADN**: a platina liga-se ao ADN da célula tumoral, resultando na formação de pontes covalentes que bloqueiam a replicação e a transcrição do ADN, conduzindo à morte celular por apoptose.
2. **Direcionamento específico**: Graças à sua capacidade de se ligar a receptores ou locais específicos nas células cancerosas, o péptido permite que a platina seja administrada diretamente às células tumorais, aumentando a **seletividade do** tratamento.
3. **Melhor penetração celular**: Alguns péptidos podem facilitar a entrada dos complexos de platina-péptido nas células tumorais, melhorando a sua eficácia.

Estudos recentes demonstraram que estes complexos podem ser utilizados para tratar uma série de cancros, incluindo os cancros **da mama, do pulmão** e **do ovário**. Por exemplo, o **complexo de platina-peptídeo à base de cisteína** tem sido explorado pela sua capacidade de atacar especificamente **os cancros** resistentes à cisplatina.

6.3 Péptidos e terapia génica: utilização de péptidos metálicos para a administração de genes orientados

A terapia genética é uma abordagem revolucionária para o tratamento de doenças genéticas e de certos tipos de cancro. A ideia é inserir, modificar ou eliminar genes nas células de um indivíduo para tratar ou prevenir doenças. No entanto, um dos principais desafios da terapia génica é encontrar uma forma eficaz e segura de introduzir os genes nas células alvo.

Os péptidos metálicos surgiram como potenciais vectores **para a entrega de genes específicos**. Quando associados a iões metálicos, estes péptidos podem interagir com **nanopartículas** ou **vectores de genes** para facilitar o seu transporte e penetração nas células.

Os complexos metal-peptídeo podem ser utilizados para :

- **Visar receptores específicos** na superfície das células tumorais ou de outras células doentes.
- **Proteger os genes terapêuticos** à medida que são transportados através do corpo, permitindo-lhes atravessar barreiras biológicas como as membranas celulares e a barreira hemato-encefálica.
- **Facilitar a integração do material genético** no genoma da célula-alvo.

Por exemplo, **os complexos de peptídeos metálicos**, como os que contêm **cobre** ou **zinco**, são utilizados para fornecer **ADN plasmídico** às células cancerígenas para induzir a expressão de genes que promovem **a reparação do ADN** ou aumentam a resposta imunitária contra o tumor.

6.4 Exemplo concreto: Nanopartículas de péptidos de cobre para administrar medicamentos genéticos em células cancerígenas

Uma aplicação particularmente inovadora dos complexos metal-peptídeo na medicina é a utilização de **nanopartículas de péptidos de cobre** para a administração de **medicamentos genéticos**. Estas nanopartículas podem encapsular **ADN terapêutico**, como os genes que codificam proteínas antitumorais, e administrá-los diretamente às células cancerígenas.

As nanopartículas **de péptidos de cobre** são particularmente interessantes para a **terapia genética do cancro** porque podem :

- **Visam seletivamente as células tumorais** através da ligação do péptido a receptores específicos na superfície celular.
- **Melhorar a penetração intracelular dos** genes terapêuticos, facilitando a sua entrada nas células por endocitose ou fusão membranar.
- **Induzir uma resposta biológica** local, graças ao efeito pró-oxidante do cobre, que pode danificar o ADN das células tumorais, aumentando assim a eficácia do tratamento.

Estudos recentes demonstraram que as nanopartículas de péptidos de cobre podem ser utilizadas para introduzir **vectores genéticos** nas células cancerígenas, resultando na expressão orientada de genes antitumorais e promovendo a destruição selectiva das células cancerígenas, reduzindo simultaneamente os efeitos secundários nas células saudáveis.

Capítulo 7: Péptidos e metais na proteção celular

Os péptidos e **os metais** desempenham um papel essencial na proteção das células contra diversos stresses biológicos, nomeadamente **o stress oxidativo**. Este fenómeno resulta de um desequilíbrio entre a produção de **radicais livres** e a capacidade de defesa do organismo. Uma exposição prolongada ao stress oxidativo pode provocar danos no ADN, nas proteínas e nos lípidos, o que pode favorecer o aparecimento de doenças degenerativas, o envelhecimento prematuro e determinados cancros. **Os antioxidantes metálicos**, em particular os complexos metalo-peptídeos, são mecanismos-chave na gestão deste stress e contribuem para a **reparação do ADN** e para a **proteção celular**.

7.1 Antioxidantes metálicos: péptidos e metais contra o stress oxidativo

Os antioxidantes metálicos são moléculas capazes de neutralizar **os radicais livres** e prevenir os danos oxidativos. Os péptidos, enquanto ligandos específicos de vários **iões metálicos**, desempenham um papel crucial na regulação do stress oxidativo. A interação entre um péptido e um metal conduz frequentemente à formação de complexos capazes de capturar e decompor espécies reactivas de oxigénio (ROS), minimizando assim os danos celulares.

Certos metais de transição, como o **zinco (Zn^{2+})**, o **cobre (Cu^{2+})** e **o manganês (Mn^{2+})**, são particularmente eficazes neste papel, pois estão envolvidos em **enzimas antioxidantes**, como as **superóxido dismutases (SOD)**, que catalisam a dismutação dos radicais superóxido em moléculas menos reactivas, como o **peróxido de hidrogénio**. Os péptidos que se ligam a estes metais ajudam a manter a estabilidade destes complexos enzimáticos, aumentando a sua atividade e proporcionando **proteção celular** contra os radicais livres.

7.2 Exemplos concretos : O papel dos complexos metal-peptídeo na proteção contra os radicais livres

Um dos exemplos mais emblemáticos de proteção celular através de complexos metal-peptídeo é a **superóxido dismutase (SOD)**, uma enzima envolvida na gestão do stress oxidativo. **A SOD** encontra-se em várias formas metálicas, incluindo a **Cu/Zn-SOD** (contendo cobre e zinco), que desempenha um papel essencial nas células humanas ao catalisar a conversão de radicais superóxido (O_2-) em peróxido de hidrogénio (H_2O_2). Este último pode então ser degradado por outros mecanismos antioxidantes.

Os complexos metal-peptídeo facilitam a estabilidade e a atividade de enzimas como a **Cu/Zn-SOD**, ajudando a manter uma **disposição**

geométrica óptima para a interação com os radicais livres. Por exemplo, os péptidos que contêm resíduos de cisteína, histidina ou glutamina podem ligar-se eficazmente a iões metálicos e ajudar a manter a enzima numa configuração cataliticamente ativa. Estes complexos são capazes de **neutralizar os radicais livres** e prevenir os danos oxidativos nas células, protegendo estruturas biológicas essenciais como o ADN, as proteínas e as membranas celulares.

7.3 Descoberta: O péptido de glutatião e os seus complexos com o manganês na proteção celular contra o stress oxidativo

Uma descoberta recente no domínio dos **antioxidantes metálicos** centrou-se no péptido **glutatião**, um tripeptídeo composto por **glutamato, cisteína** e **glicina**, que desempenha um papel importante na defesa celular contra o stress oxidativo. Este péptido pode ligar-se a iões metálicos, nomeadamente ao **manganês (Mn^{2+})**, para formar complexos metálicos estáveis que aumentam a eficácia da resposta antioxidante.

Os complexos **de glutatião-manganês** têm mostrado resultados promissores na **proteção contra os radicais livres**, modulando a atividade das enzimas antioxidantes e activando as vias de desintoxicação do stress oxidativo. Estes complexos ajudam a

minimizar os danos oxidativos nas células, nomeadamente em condições de stress, e podem estar envolvidos em processos fisiopatológicos como a **neurodegenerescência**, em que o stress oxidativo é um fator importante na progressão de doenças como a doença **de Parkinson**.

7.4 Metais na reparação do ADN: exemplos de Cu/Zn-SOD e seus complexos na reparação do ADN e na gestão do stress oxidativo

Para além do seu papel na proteção das células contra o stress oxidativo, certos metais, nomeadamente **o cobre** e **o zinco**, desempenham também um papel essencial na **reparação do ADN**. **A enzimologia antioxidante** está intrinsecamente ligada à reparação do ADN, uma vez que os radicais livres gerados pelo stress oxidativo podem causar danos no ADN. **A Cu/Zn-SOD** é um excelente exemplo de um complexo metal-peptídeo envolvido nesta reparação.

O cobre e o zinco, através da sua presença na **SOD**, são essenciais para a eliminação dos superóxidos, que, se não forem controlados, podem danificar o ADN, conduzindo a mutações e anomalias genéticas. Estes metais, combinados com péptidos, ajudam a regular a ativação das vias de reparação do ADN, como a **reparação por excisão de bases** ou **a reparação por recombinação homóloga**. Ao manter a integridade do

ADN e ao minimizar os danos celulares, estes complexos desempenham um papel crucial na prevenção de **mutações genéticas** e de doenças relacionadas com o ADN, como o **cancro**.

Capítulo 8: Desafios técnicos na conceção de complexos metal-peptídeo

Os complexos metal-peptídeo apresentam um enorme potencial para aplicações biomédicas, nomeadamente no tratamento do cancro, no controlo de infecções e na regulação de processos biológicos. No entanto, a conceção destes complexos apresenta grandes desafios técnicos, nomeadamente em termos de **estabilidade**, **seletividade** e comportamento em **ambientes biológicos complexos**. Este capítulo explora estes desafios e propõe possíveis soluções através da combinação de **abordagens experimentais** e **computacionais** para otimizar a conceção de complexos metal-peptídeo eficientes.

8.1 Problemas de estabilidade e seletividade dos complexos metal-peptídeo

A estabilidade dos complexos metal-peptídeo é um fator determinante para a sua eficácia em aplicações biológicas. Os complexos metal-peptídeo devem ser suficientemente estáveis para resistir a condições biológicas, tais como variações de pH, presença de iões competitivos e interações com outras biomoléculas. **A instabilidade** pode levar à dissociação do metal, à degradação do péptido ou à formação de subprodutos que não são biologicamente activos ou que podem causar efeitos secundários indesejáveis.

Além disso, a **seletividade** dos complexos metal-peptídeo é outro grande desafio. No contexto biológico, estão presentes vários tipos de iões metálicos, que podem ligar-se aos péptidos de forma não específica, o que pode levar à **competição** entre metais pelos locais de coordenação. Por exemplo, o cobre, o zinco e o ferro estão frequentemente presentes nos sistemas biológicos em concentrações elevadas e podem interagir de forma imprevisível com os péptidos. Por conseguinte, é crucial conceber complexos metal-peptídeo que sejam não só estáveis mas também **selectivos**, ligando-se preferencialmente a um determinado ião metálico.

8.2 Os desafios da conceção de péptidos metálicos selectivos em ambientes biológicos complexos

Os ambientes biológicos apresentam desafios únicos para a conceção de complexos metal-peptídeo, incluindo a presença de condições bioquímicas **variáveis** e de moléculas concorrentes. O sistema biológico é um ambiente dinâmico e complexo, com concentrações variáveis de metais, iões concorrentes, pH flutuante e interações com outras macromoléculas, como **proteínas**, **lípidos** ou **ADN**. Estes factores podem dificultar a previsão do comportamento dos complexos metal-peptídeo em condições reais.

As propriedades fisiológicas, como o **transporte de péptidos** através das membranas celulares e **a distribuição intracelular**, são também considerações importantes. Por exemplo, certos complexos metal-peptídeo devem poder ligar-se a receptores celulares específicos ou atravessar **barreiras biológicas**, como as membranas celulares ou a **barreira hemato-encefálica**, para libertar fármacos ou genes de forma orientada. Isto exige uma conceção precisa do péptido, das suas interações metálicas e das suas caraterísticas físico-químicas.

Outra dificuldade reside na **especificidade da ligação metal-peptídeo**, que pode ser influenciada por factores como os **grupos funcionais presentes nos peptídeos** (por exemplo, resíduos de cisteína, histidina ou glutamina). Estes resíduos podem ligar-se a diferentes iões metálicos e, dependendo da conformação do péptido, estes complexos podem tornar-se altamente específicos ou não específicos. Por conseguinte, é crucial controlar a **conformação** e os parâmetros **de interação** para garantir uma ligação específica e estável a um determinado metal num ambiente biológico complexo.

8.3 Modificações estruturais e abordagens de racionalização: uma abordagem integrada da química dos péptidos, da modelização informática e das experiências in vitro

Para ultrapassar os desafios da estabilidade, seletividade e adaptação a ambientes biológicos complexos, foram postas em prática várias estratégias para conceber complexos metal-peptídeo. Uma das abordagens mais promissoras consiste em combinar **modificações estruturais específicas**, **modelização computacional** e **experiências in vitro**.

- **Modificações estruturais**: A introdução de modificações químicas específicas nos péptidos, como a adição de novos **grupos funcionais** ou a substituição de certos **resíduos de aminoácidos**, permite **orientar a coordenação** dos iões metálicos e **estabilizar a conformação** do complexo metal-peptídeo. Por exemplo, a introdução de resíduos de histidina ou de cisteína pode aumentar a **especificidade da ligação** com certos iões metálicos, melhorando simultaneamente a estabilidade do complexo em condições biológicas. Técnicas como a **peptidomimética** e a **introdução de grupos quelantes** podem também ser utilizadas para conceber complexos mais selectivos.

- **Modelação computacional**: As abordagens de modelação molecular e **de dinâmica molecular** oferecem um meio poderoso de prever e racionalizar as interações entre os péptidos e os iões metálicos. Por exemplo, a **modelização por docking** pode prever os locais de ligação mais favoráveis para os metais e simular as interações entre os iões metálicos e os péptidos. Estas ferramentas podem ser utilizadas para testar virtualmente hipóteses **de conformação** e **de afinidade com metais** antes de proceder à síntese e aos ensaios experimentais.
- **Experiências in vitro**: Os testes experimentais são essenciais para validar as previsões teóricas e confirmar a eficácia dos complexos metal-peptídeo em **meios biológicos**. Podem ser utilizadas abordagens experimentais como a **espetroscopia de ressonância magnética nuclear (RMN), a espetroscopia UV-Vis** ou **a fluorescência** para analisar as propriedades de ligação metal-peptídeo. Além disso, podem ser utilizados **testes de citotoxicidade** e **ensaios de penetração celular** para avaliar a eficácia e a segurança dos complexos em sistemas biológicos reais.

Ao integrar estas diferentes abordagens, é possível conceber complexos metal-peptídeo com **maior previsibilidade** em termos de estabilidade, seletividade e atividade biológica. Estes avanços são essenciais para o desenvolvimento de **terapias específicas** e de **medicamentos** baseados em complexos metal-peptídeo, bem como para uma melhor compreensão das **interações metal-peptídeo** em sistemas biológicos complexos.

Capítulo 9: Novas perspectivas na investigação de péptidos metálicos

Os péptidos metálicos estão na vanguarda de muitas inovações científicas, com um potencial crescente em domínios tão diversos como **a nanotecnologia**, **a nanomedicina** e **as novas tecnologias de sequenciação genética**. Este capítulo explora **perspectivas emergentes** na investigação de péptidos metálicos e destaca o seu papel crescente na **medicina**, na **engenharia de proteínas** e **em futuras aplicações biomédicas**.

9.1 Péptidos e metais nas aplicações biológicas do futuro: o papel emergente dos péptidos na nanotecnologia e na nanomedicina

A nanotecnologia e **a nanomedicina** são áreas em que a utilização de péptidos metálicos poderá revolucionar a forma como os tratamentos médicos são administrados, em especial em **terapias** e **diagnósticos orientados**. **Os péptidos metálicos** são cada vez mais utilizados no **fabrico de nanopartículas** e **de** outros dispositivos à escala nanométrica, graças à sua capacidade de se ligarem especificamente a iões metálicos e às suas propriedades bioactivas únicas. Estes péptidos podem ser utilizados para **construir estruturas à escala nanométrica**

capazes de administrar fármacos ou de **visar locais biológicos específicos** com uma precisão sem precedentes.

Por exemplo, os complexos metal-peptídeo podem ser utilizados na **preparação de nanopartículas metálicas** que actuam como vectores de medicamentos ou genes terapêuticos. Estas nanopartículas, funcionalizadas com péptidos metálicos, podem ser programadas para se ligarem a receptores celulares específicos, facilitando **a administração de** tratamentos diretamente nas células doentes, minimizando simultaneamente os efeitos secundários sistémicos.

Os complexos cobre-peptídeo ou **prata-peptídeo**, por exemplo, são muito promissores no domínio das **nanopartículas antimicrobianas**. Podem ser concebidos para se ligarem a bactérias ou células tumorais e libertarem iões metálicos citotóxicos, abrindo caminho a **terapias antimicrobianas** e anticancerígenas da próxima geração. As propriedades **antimicrobianas** dos complexos metal-peptídeo, combinadas com a sua capacidade de se ligarem e libertarem iões metálicos em ambientes biológicos, fazem destes sistemas uma via promissora para combater **a resistência bacteriana** e **o cancro**.

Além disso, **a nanomedicina** que utiliza péptidos metálicos poderia permitir a criação de **sistemas inteligentes** que respondem a alterações ambientais, como variações de pH, temperatura ou outros sinais biológicos. Estes **nanomedicamentos** poderiam libertar a sua carga ativa apenas em condições específicas, melhorando a sua eficácia e segurança terapêuticas.

9.2 O papel dos péptidos metálicos nas novas tecnologias de sequenciação genética e na engenharia de proteínas para novas aplicações terapêuticas

Outra área em que os péptidos metálicos estão destinados a desempenhar um papel fundamental é a das **novas tecnologias de sequenciação genética** e **engenharia de proteínas**. **Os péptidos metálicos** podem ser utilizados para desenvolver **ferramentas biomoleculares** poderosas para a **sequenciação** e análise do ADN. Por exemplo, **os complexos metal-peptídeo** podem ser integrados em sistemas de deteção sensíveis que exploram interações entre peptídeos específicos e alvos genéticos para melhorar a eficiência e a precisão da sequenciação do ADN.

Um exemplo proeminente desta utilização é a integração de **péptidos metálicos** em **nanopartículas de sequenciação** para capturar e analisar sequências genéticas específicas. Dependendo dos iões metálicos presentes e da estrutura do péptido, estas nanopartículas podem ser utilizadas para aplicações como a **sequenciação de terceira geração** (por exemplo, sequenciação por nanoporos), em que os péptidos metálicos são responsáveis pelo reconhecimento de determinadas bases nucleicas e facilitam a passagem de moléculas de ADN através de nanoporos para uma leitura rápida e precisa.

Paralelamente, os péptidos metálicos desempenham também um papel crucial na **engenharia de proteínas** para aplicações terapêuticas avançadas. **A modificação de péptidos para otimizar a sua interação com metais** permite a criação de novas **proteínas de fusão**, que combinam as propriedades de péptidos biologicamente activos e complexos metálicos. Por exemplo, os péptidos metálicos podem ser utilizados para **estabilizar proteínas terapêuticas** em condições extremas ou para **atingir proteínas específicas** em tratamentos contra o cancro ou terapias genéticas.

As aplicações terapêuticas dos péptidos metálicos na engenharia de proteínas incluem a sua utilização na **terapia genética**, em que os péptidos metálicos podem ser integrados em **vectores virais ou não virais** para melhorar a **estabilidade** e a **seletividade do transporte de genes**. Estes complexos metal-peptídeo permitem melhorar **o**

tratamento de patologias genéticas através da **entrega orientada** de genes de reparação ou regulação a células doentes.

Os péptidos metálicos também têm potencial para a criação de **proteínas artificiais** ou **sistemas enzimáticos** que imitam as funções das proteínas naturais, mas são optimizados para aplicações terapêuticas. Por exemplo, os péptidos metálicos poderiam ser utilizados para criar **enzimas de reparação do ADN**, facilitando **a reparação de mutações genéticas** em tratamentos de doenças hereditárias.

Conclusão

O papel dos péptidos metálicos nas **novas tecnologias** está a expandir-se rapidamente. A sua capacidade de interagir com metais e de **modular** essas interações abre caminho a aplicações revolucionárias em **nanomedicina, sequenciação genética** e **engenharia de proteínas**. Os péptidos metálicos são ferramentas poderosas para o desenvolvimento de **novos tratamentos terapêuticos, sistemas de diagnóstico inovadores** e **nanopartículas inteligentes**. À medida que a investigação progride, estes péptidos prometem transformar o panorama das **terapias direcionadas**, da **reparação do ADN** e da **medicina de precisão**.

Capítulo 10: Ferramentas e técnicas para explorar as interações metal-peptídeo

No domínio da química dos péptidos e dos complexos metal-peptídeo, é essencial uma combinação de técnicas analíticas e espectroscópicas para explorar as interações entre os iões metálicos e os péptidos. Estas interações influenciam diretamente a estrutura, a dinâmica e a função biológica dos complexos, com aplicações em biotecnologia, medicina e catálise. Apresentamos aqui uma panorâmica pormenorizada das técnicas mais frequentemente utilizadas para estudar estes sistemas complexos:

1. Espectroscopia

UV-Vis (Ultravioleta-Visível)

A espetroscopia UV-Vis permite examinar transições electrónicas em moléculas, o que é particularmente útil para estudar complexos metal-peptídeo. Os iões metálicos têm frequentemente bandas de absorção específicas no UV-Vis, que podem ser modificadas pela coordenação com um péptido. Esta técnica pode, portanto, ser utilizada para monitorizar as interações entre metais e péptidos em função da concentração do metal, da geometria do complexo e do ambiente químico. É utilizada para caraterizar complexos metal-peptídeo, determinar a estequiometria dos complexos e estudar alterações nos estados de oxidação dos metais.

Espectroscopia de infravermelhos (FT-IR)

A espetroscopia FT-IR pode ser utilizada para analisar as vibrações moleculares de grupos funcionais de péptidos, particularmente os envolvidos na coordenação com metais. As bandas vibracionais caraterísticas dos grupos amida e das cadeias laterais dos aminoácidos são influenciadas pela ligação do ião metálico, permitindo compreender como o metal modifica a estrutura secundária e terciária do péptido. Esta técnica é particularmente útil para estudar a estrutura e as alterações conformacionais induzidas pela coordenação de iões metálicos, especialmente no caso de péptidos que contenham grupos tiol ou carboxilo.

Dicroísmo circular (CD)

A espetroscopia CD é uma técnica poderosa para estudar a estrutura secundária dos péptidos. Mede a absorção diferencial de luz polarizada circularmente, tornando possível determinar a conformação dos péptidos em solução. Quando são introduzidos metais, as alterações no espetro de CD podem revelar alterações na estrutura secundária, tais como alterações na proporção de estruturas α-helicoidais ou β-folha. Esta técnica é fundamental para observar o efeito dos metais na conformação dos péptidos, nomeadamente no que diz respeito à indução de novas estruturas ou à estabilização das existentes.

Fluorescência

A fluorescência é utilizada para analisar o ambiente local em torno de fluoróforos em péptidos, que são frequentemente introduzidos sinteticamente para estudos de espetroscopia. As alterações da intensidade da fluorescência, da posição do pico de emissão ou do tempo de vida da fluorescência podem ser utilizadas para estudar interações complexas entre iões metálicos e resíduos peptídicos específicos. A fluorescência pode também ser utilizada para estudar a cinética das interações metal-peptídeo em tempo real, o que é particularmente útil para estudos complexos de ligação e dissociação.

2. Ressonância magnética nuclear (RMN)

NMR de alta resolução

A RMN é o método de eleição para determinar a estrutura tridimensional de péptidos e complexos metal-peptido. Pode resolver pormenores estruturais em solução e fornecer informações sobre as interações de coordenação metal-peptídeo, a flexibilidade das cadeias laterais e a dinâmica do complexo. A resolução da RMN é suficiente para obter informações atómicas sobre a coordenação metal-peptídeo, a dinâmica molecular e a formação de estruturas secundárias e terciárias. Esta técnica é, portanto, essencial para compreender como os metais influenciam a estrutura e a função dos péptidos.

RMN paramagnética

A RMN paramagnética é particularmente útil para estudar complexos metálicos que contêm iões paramagnéticos, tais como Fe^{3+}, Cu^{2+} e Zn^{2+}. Estes iões têm spins de electrões não emparelhados, que induzem efeitos adicionais nos espectros de RMN que podem ser usados para estudar as interações metal-peptídeo. A RMN paramagnética permite detetar interações metal-peptídeo que não são visíveis com a RMN tradicional, graças a efeitos de relaxação amplificados que são sensíveis à proximidade do metal. Esta técnica é útil para estudar complexos com elevada afinidade metal-peptídeo e interações específicas entre resíduos de peptídeos e o metal.

3. Cromatografia

HPLC (Cromatografia Líquida de Alta Eficiência)

A HPLC é uma técnica fundamental para a purificação de péptidos e complexos metal-peptido. Permite separar diferentes péptidos de acordo com as suas propriedades químicas e analisá-los de acordo com a sua interação com metais. É frequentemente utilizada para isolar complexos metal-peptídeo de misturas complexas, fornecendo amostras puras para análise posterior. A HPLC também pode ser utilizada para quantificar a concentração de complexos metal-peptídeo em solução.

Cromatografia de permuta iónica

Este método é utilizado para isolar e analisar complexos metálicos a partir de péptidos. Baseia-se na troca iónica entre os complexos metálicos e um material de troca iónica, o que permite separar os complexos em função da natureza e da carga dos iões metálicos. É particularmente útil para o estudo de complexos metálicos de transição e para a purificação e separação de complexos metal-peptídeo de acordo com as respectivas afinidades por um determinado ligando metálico.

4. Cristalografia de raios X

A cristalografia de raios X é utilizada para resolver a estrutura tridimensional de péptidos e complexos metal-peptídeo com resolução atómica. Esta técnica baseia-se na difração de raios X por cristais da molécula de interesse. Permite visualizar a disposição exacta dos átomos nos complexos e determinar a geometria da coordenação entre os metais e os péptidos. A cristalografia de raios X é ideal para obter informações detalhadas sobre a estrutura dos complexos metal-peptídeo em cristais e pode ser utilizada para estudar interações complexas a nível atómico.

5. Espectrometria de massa (EM)

Espectrometria de massa (MS)

A espetrometria de massa é uma técnica muito poderosa para determinar a massa molecular de péptidos e complexos metal-peptido. Pode ser utilizada para analisar péptidos modificados, estudar complexos metálicos e determinar produtos de clivagem de péptidos para identificar a sua sequência. A espetrometria de massa em tandem (MS/MS) é frequentemente utilizada para identificar interações específicas entre iões metálicos e resíduos de péptidos. Esta técnica é também muito útil para estudar as modificações pós-traducionais dos péptidos, como a fosforilação ou a glicosilação, em resposta à interação com metais.

6. Microscopia

Microscopia Eletrónica de Transmissão (TEM) e Microscopia Eletrónica de Varrimento (SEM)

A microscopia eletrónica é utilizada para examinar a estrutura e a montagem de complexos metal-peptídeo a uma escala nanométrica. A TEM permite a visualização de complexos individuais em resoluções muito finas, enquanto a SEM fornece imagens de superfície de complexos e agregados numa escala maior. Estas técnicas são particularmente úteis para examinar a formação de complexos e a sua organização em materiais biológicos ou nanoestruturas.

Microscopia de força atómica (AFM)

A AFM é utilizada para analisar a topografia de péptidos e complexos metal-peptídeo a uma escala nanométrica. É utilizada para estudar as interações entre péptidos e superfícies, como as membranas celulares, e pode ser utilizada para observar alterações estruturais devidas à ligação de metais. A técnica pode também ser utilizada para medir as forças de ligação entre péptidos e metais.

7. Análise calorimétrica

ITC (Calorimetria de Titulação Isotérmica)

O ITC permite-nos estudar as interações termodinâmicas entre um péptido e um metal, medindo as variações de calor libertado ou absorvido durante a interação. Fornece informações valiosas sobre a afinidade, a estequiometria e as entalpias de ligação dos complexos metal-peptídeo, o que é crucial para compreender a natureza das interações.

DSC (Calorimetria Exploratória Diferencial)

A DSC é utilizada para analisar alterações na estabilidade térmica de péptidos e complexos metal-peptido. Mede o calor necessário para aumentar a temperatura de uma amostra, fornecendo informações sobre a estabilidade dos complexos em diferentes condições térmicas.

8. Modelação e simulação molecular

As simulações numéricas, como a dinâmica molecular e a modelização de acoplamento, são utilizadas para prever e visualizar as interações entre os péptidos e os iões metálicos. Estas ferramentas podem ser utilizadas para simular o comportamento dos complexos metal-peptídeo à escala atómica, explorar possíveis conformações e prever a dinâmica das ligações metal-peptídeo em função de vários parâmetros, como a concentração do metal e as condições ambientais.

9. Eletroquímica

A eletroquímica é utilizada para estudar as propriedades redox dos complexos metal-peptídeo. Técnicas como a voltametria cíclica e a polarografia são utilizadas para analisar o estado de oxidação dos iões metálicos nos complexos e determinar a sua afinidade pelos péptidos. Estes métodos permitem uma melhor compreensão da estabilidade dos complexos metal-peptídeo em função do ambiente redox.

10. Biologia molecular e ensaios funcionais

Os ensaios biológicos, como os ensaios de ligação (Western Blot, ELISA) e os ensaios celulares, são utilizados para avaliar os efeitos biológicos dos complexos metal-peptídeo. Estas técnicas são utilizadas para compreender o impacto destes complexos nas proteínas ou nos receptores biológicos e para testar os seus efeitos em modelos biológicos in vitro.

Capítulo 11: Laboratórios das categorias P2 e P3 na investigação de péptidos metálicos

Um laboratório de bioinorgânica especializado na química dos péptidos e dos complexos metal-peptídeo, mesmo quando inclui técnicas avançadas como a PCR, a sequenciação ou outras análises biológicas, pode ser classificado como P2 (nível de biossegurança 2) ou P3 (nível de biossegurança 3), em função da natureza dos materiais biológicos utilizados e dos riscos potenciais associados ao trabalho.

1 Nível de segurança biológica 2 (P2)

Um laboratório de nível P2 é adequado para trabalhar com agentes biológicos que apresentem um risco moderado para a saúde humana e o ambiente. Este nível de segurança é utilizado para agentes que não são susceptíveis de causar doenças graves em trabalhadores saudáveis e para experiências que não apresentam um risco direto para a comunidade ou para o ambiente.

Condições para um laboratório P2 :

- **Agentes biológicos**: os laboratórios P2 são geralmente utilizados para agentes biológicos, como bactérias, vírus ou fungos não patogénicos ou pouco patogénicos. Por exemplo, bactérias como a E. coli não patogénica ou estirpes laboratoriais de levedura.

- **Manuseamento de material biológico**: O laboratório pode manusear ADN, ARN, culturas de células humanas, animais ou vegetais e sistemas modelo como as células de mamíferos. Isto inclui técnicas como a PCR, a cultura de células ou a análise de genes e proteínas.
- **Segurança**: O acesso ao laboratório é controlado, com equipamento de proteção individual (EPI), como batas, luvas e proteção ocular. A utilização de campânulas de segurança biológica é necessária para determinados procedimentos, nomeadamente os que geram aerossóis (como a PCR).
- **Exemplos de trabalhos**: Neste contexto, um laboratório de química bioinorgânica pode realizar experiências sobre péptidos, complexos metal-peptídeo, análise da expressão genética ou interações metal-biológicas.

As caraterísticas de um laboratório P2 **:**

- Instalação: campânula de segurança biológica de classe II, janelas e portas com fecho, etiquetagem das zonas e dos reagentes.

- Protocolo de limpeza e descontaminação: Protocolos rigorosos de desinfeção e esterilização para eliminar qualquer material biológico potencialmente perigoso.

2 Nível de segurança biológica 3 (P3)

Um laboratório de nível P3 foi concebido para manipular agentes biológicos que podem causar doenças graves no homem ou nos animais, mas que podem ser controlados através de medidas de segurança adequadas. Este nível de segurança é mais rigoroso e é frequentemente utilizado para agentes patogénicos, como vírus, bactérias ou outros microrganismos perigosos que exigem precauções adicionais.

Condições para um laboratório P3 **:**

- **Agentes biológicos**: os laboratórios P3 são utilizados para agentes que podem causar doenças graves, tais como vírus patogénicos (como o SARS-CoV-2, a tuberculose, o vírus da febre amarela, priões, etc.) ou bactérias patogénicas com modos de transmissão por aerossol.
- **Segurança**: O acesso é mais rigoroso, com sistemas de filtragem de ar HEPA, equipamento de proteção individual mais rigoroso

(como fatos hermeticamente fechados) e controlo do fluxo de ar para evitar a contaminação cruzada.

- **Exemplos de trabalho**: Os laboratórios P3 são mais frequentemente utilizados para a investigação biomédica que envolve agentes patogénicos ou vírus perigosos, mas se estiver a manipular estirpes de vírus ou agentes biológicos particularmente patogénicos no âmbito da sua investigação (por exemplo, estudar os efeitos dos metais nos vírus), pode ser necessário um laboratório P3.

As caraterísticas de um laboratório P3 :

- **Segurança reforçada**: instalação de câmaras de pressão negativa, sistemas de filtragem HEPA para saídas de ar, dispositivos de segurança para entrada e saída (por exemplo, câmaras de ar de descontaminação).
- **Equipamento de proteção**: Utilização de fatos de proteção, máscaras respiratórias e outro equipamento de segurança ao manusear amostras ou culturas de microrganismos perigosos.

- **Protocolos rigorosos**: As manipulações são efectuadas em salas com pressão negativa e sob uma campânula de segurança biológica de classe III (onde os investigadores trabalham com luvas seladas e sob proteção adicional).

4. **Aplicação num laboratório de bioinorgânica** :

   Laboratório P2

Um laboratório de bioinorgânica que estuda as interações entre péptidos e metais, com o objetivo de compreender a química dos complexos metal-peptídeo ou de testar reacções bioquímicas em sistemas biológicos, seria geralmente classificado como P2, uma vez que não lida com agentes patogénicos de alto risco ou organismos geneticamente modificados (OGM).

Técnicas como a PCR e a sequenciação podem ser utilizadas num laboratório P2 se os materiais biológicos (por exemplo, ADN, ARN ou proteínas) não estiverem associados a agentes patogénicos perigosos. Poderá manusear culturas celulares normais ou péptidos, efetuar testes de bioatividade, análises genéticas, etc.

Laboratório P3:

Pode ser necessário um laboratório P3 se manipular agentes patogénicos como parte da sua investigação, o que é relativamente raro num laboratório de química bioinorgânica. Por exemplo, se a sua investigação envolver estirpes virais patogénicas ou experiências em modelos animais infectados com agentes infecciosos ou vírus transmissíveis, será necessária a classificação P3. Os laboratórios P3 são principalmente utilizados em áreas como a virologia ou estudos de microbiologia com agentes patogénicos.

Outros requisitos específicos :

Um laboratório de bioinorgânica que trabalhe a química de péptidos e metais com células ou material biológico pode necessitar de equipamento de biossegurança adicional para trabalhar com culturas de células, culturas de microrganismos ou sistemas de modelos biológicos. No entanto, a natureza da química dos péptidos e dos complexos metal-peptídeo não exige normalmente um laboratório P3, a menos que o estudo envolva vírus patogénicos ou agentes infecciosos.

Conclusão:

A classificação P2 seria geralmente suficiente para um laboratório de bioinorgânica centrado na química de péptidos e nas interações metal-peptídeo, especialmente se estiver a trabalhar com células humanas ou animais, péptidos, ARN ou ADN e técnicas como a PCR e a sequenciação.

Se estiverem envolvidos agentes patogénicos biológicos, ou se forem manipulados vírus ou outros agentes infecciosos nas suas experiências (o que é improvável num contexto bioinorgânico clássico), será necessário um laboratório P3.

O nível de segurança dependerá principalmente da natureza dos materiais biológicos manipulados e dos riscos biológicos associados à sua investigação específica.

Capítulo 12: Estudos de casos de descobertas recentes

Os complexos metal-peptídeo têm emergido como ferramentas poderosas no tratamento de várias patologias, desde **as doenças neurodegenerativas** ao **cancro** e **à reparação do ADN**. Este capítulo apresenta estudos de caso recentes que ilustram como estes complexos podem ser aplicados em contextos terapêuticos inovadores. Através destes exemplos, demonstraremos como os péptidos metálicos modulam processos biológicos chave para melhorar tratamentos médicos existentes ou criar novos tratamentos.

12.1 Exemplo 1: Complexos Cu/Zn no tratamento de doenças neurodegenerativas (Parkinson, Alzheimer)

As doenças neurodegenerativas, como a doença **de Parkinson** e **a doença de Alzheimer**, estão ligadas a uma acumulação anormal de proteínas mal dobradas, gerando **stress oxidativo** no cérebro. Uma abordagem recente para o tratamento destas doenças baseia-se na utilização de **complexos metálicos**, nomeadamente complexos **Cu/Zn,** pela sua capacidade de interagir com as proteínas, estabilizar a sua conformação e reduzir a oxidação.

O papel dos iões Cu^{2+} e Zn^{2+} nas doenças neurodegenerativas: Os iões metálicos, como o cobre e o zinco, desempenham um papel essencial na **função de certas enzimas** e na gestão do stress oxidativo. Por exemplo, na **doença de Parkinson**, estudos demonstraram que os complexos **Cu/Zn** podem interagir com proteínas como a **Parkin**, uma proteína envolvida na degradação de proteínas mal dobradas. Estes complexos metálicos podem restaurar a atividade enzimática e reduzir a acumulação de proteínas agregadas tóxicas, ajudando assim a retardar a progressão da doença.

Exemplo de aplicação:

Um estudo demonstrou que complexos **Cu/Zn** bem concebidos podem ser utilizados para **estabilizar proteínas neuroprotectoras**, como a **superóxido dismutase** (SOD1), uma enzima envolvida na desintoxicação de radicais livres nas células nervosas. Estes complexos mostraram-se promissores na inibição da neurotoxicidade em modelos das doenças de Parkinson e Alzheimer, modificando as propriedades redox dos metais e facilitando **a redução dos agregados proteicos**.

Perspectivas:

Prossegue a investigação sobre a utilização de complexos Cu/Zn no tratamento de doenças neurodegenerativas, estando em desenvolvimento estudos clínicos para avaliar a sua eficácia e segurança a longo prazo.

12.2 Exemplo 2: Péptidos à base de platina na quimiossensibilização de células cancerígenas

Os tratamentos contra o cancro, como a **quimioterapia**, apresentam desafios consideráveis, incluindo **a resistência aos medicamentos** e os efeitos secundários tóxicos. Os péptidos metálicos, em particular os que contêm **complexos de platina**, têm demonstrado um grande potencial para ultrapassar estes desafios, nomeadamente como **quimiossensibilizadores** para melhorar a eficácia das quimioterapias.

O papel da platina na quimiossensibilização :

A platina, enquanto elemento químico, é um agente fundamental em muitos tratamentos anticancerígenos, nomeadamente **a cisplatina**. No entanto, a resistência à cisplatina continua a ser um grande obstáculo. A utilização de **péptidos metálicos à base de platina** supera parcialmente esta resistência, aumentando **a acumulação intracelular** de platina e modificando a interação platina-ADN, tornando as células cancerosas mais sensíveis ao tratamento.

Exemplo de aplicação:

Os investigadores desenvolveram **complexos de platina-peptídeo** que se ligam especificamente às células cancerosas através de **receptores de superfície celular** e libertam platina diretamente na célula. Estes complexos revelaram um **aumento significativo da eficácia citotóxica** contra as células cancerosas resistentes à cisplatina. Além disso, os péptidos utilizados nestes complexos podem também **inibir os mecanismos de reparação do ADN** das células cancerosas, impedindo assim a sua sobrevivência após o tratamento.

Perspectivas:

Os péptidos metálicos à base de platina continuam a ser explorados pelo seu potencial para melhorar a eficácia dos tratamentos anticancerígenos, estando em curso estudos sobre a sua toxicidade, eficácia clínica e capacidade para atingir especificamente as células tumorais sem afetar as células saudáveis.

12.3 Exemplo 3: Peptídeos metálicos na ativação da reparação do ADN após exposição à radiação

A ativação da reparação do ADN é essencial após a exposição a **radiações ionizantes**, quer durante os tratamentos de radioterapia, quer em caso de exposição acidental. **Os péptidos metálicos** podem desempenhar um papel fundamental na ativação dos mecanismos **de**

reparação do ADN, utilizando complexos metálicos capazes de interagir com as enzimas de reparação.

O papel dos péptidos metálicos na reparação do ADN :

Após a exposição à radiação, podem ocorrer **danos no ADN**, como quebras de cadeia dupla, que são extremamente tóxicos para a célula. **Os complexos metal-peptídeo**, em particular os que contêm iões como o **zinco** ou **o cobre**, podem **ativar enzimas** como a **parp (poli(ADP-ribose) polimerase)** ou **a DNA ligase**, que são essenciais nos processos de reparação do ADN. Estes complexos podem estimular a atividade enzimática, permitindo que **as quebras do ADN** sejam reparadas de forma mais rápida e eficaz.

Exemplo de aplicação

Um estudo demonstrou que os complexos **zinco-peptídeo** aumentam a atividade da **DNA ligase**, uma enzima que ajuda a reparar as quebras do ADN após a exposição à radiação. Estes complexos mostraram um **efeito protetor** nas células humanas irradiadas, reduzindo os danos no ADN e melhorando a viabilidade celular. Além disso, estes péptidos metálicos podem **estimular a reparação de células saudáveis**, minimizando os danos nos tecidos circundantes.

Perspectivas:

Estas descobertas abrem novas vias para a utilização de metalo-peptídeos **na proteção contra as radiações** e **na reparação do ADN** após a radioterapia, uma área essencial para a prevenção dos efeitos secundários associados ao cancro e à radioterapia.

Conclusão

Os complexos metal-peptídeo demonstraram um potencial terapêutico notável numa variedade de áreas médicas, desde a **redução do stress oxidativo** em doenças neurodegenerativas até à melhoria da eficácia **dos** tratamentos **anticancerígenos** e **à reparação do ADN** após radiação. Estas **descobertas recentes** realçam não só o papel crescente dos péptidos metálicos na biologia, mas também o seu potencial como ferramentas terapêuticas no futuro. A continuação da investigação nestas áreas deverá abrir novas vias para tratamentos mais direcionados e eficazes, com menos efeitos secundários.

Capítulo 13: Para uma nova fronteira: informática e inteligência artificial na conceção de complexos metal-peptídeo

A investigação sobre os complexos **metal-peptídeo** evoluiu rapidamente graças à integração de novas tecnologias, nomeadamente **a informática** e **a inteligência artificial (IA)**. Estas ferramentas modernas estão a **revolucionar a forma como os complexos metal-peptídeo são concebidos**, analisados e optimizados para várias aplicações biomédicas. Este capítulo explora o impacto das simulações informáticas, dos algoritmos de IA e das ferramentas de bioinformática na **conceção de péptidos metálicos**, salientando a forma como estas tecnologias podem **reduzir o tempo de desenvolvimento**, **otimizar as interações** e **prever as propriedades biológicas** dos complexos.

13.1 Simulações de complexos metal-peptídeo utilizando IA: acelerar a conceção de novos peptídeos metálicos para medicina

Os complexos metal-peptídeo oferecem perspectivas terapêuticas promissoras, mas a sua conceção constitui um grande desafio devido à **complexidade das interações dos metais** e à **diversidade das estruturas dos peptídeos**. Tradicionalmente, a conceção destes complexos tem-se baseado em abordagens experimentais morosas e dispendiosas. No entanto, com o advento **da inteligência artificial** e **dos algoritmos de aprendizagem automática**, estes processos podem agora ser significativamente optimizados.

O papel da IA na conceção de complexos metal-peptídeo: A IA pode ser utilizada para **modelar interações complexas** entre iões metálicos e péptidos, tendo em conta vários factores termodinâmicos e cinéticos. Estas **simulações em computador** permitem prever com um elevado grau de precisão a forma como um metal se ligará a um péptido específico, bem como o impacto desta interação na estrutura e estabilidade do complexo. A IA pode também ser utilizada para otimizar parâmetros como **a seletividade do metal**, **a estabilidade do complexo** e **as propriedades farmacocinéticas**, reduzindo assim o número de ensaios experimentais necessários.

Exemplos de aplicações:

1. **Previsão de locais de coordenação de metais**: Os algoritmos de aprendizagem automática podem identificar os resíduos de péptidos com maior probabilidade de se ligarem a um determinado ião metálico, com base em bases de dados de estruturas de péptidos metálicos existentes. Por exemplo, as redes neuronais podem aprender com estruturas conhecidas de

complexos metálicos para prever a forma como os novos péptidos irão interagir com iões metálicos como **o cobre, o zinco** ou **o ferro**.

2. **Otimização das propriedades farmacológicas**: a IA é utilizada para otimizar **as propriedades farmacológicas** dos complexos, como a sua **afinidade para os receptores biológicos** ou a sua capacidade de atravessar as membranas celulares. Estas simulações ajudam a ajustar os péptidos para maximizar a eficácia do tratamento e minimizar os efeitos secundários.
3. **Modelação de complexos em 3D**: Os algoritmos **de acoplamento molecular** e **de dinâmica molecular** podem ser utilizados para simular interações entre péptidos e metais num ambiente tridimensional. Estas ferramentas podem prever **a estabilidade**, **a conformação** e **a interação de complexos com alvos biológicos**, facilitando a conceção de péptidos metálicos mais direcionados e eficazes.

Vantagens da integração da IA na conceção de complexos metal-peptídeo :

- **Redução de custos**: Ao simular as interações entre metais, a IA pode reduzir o número de experiências laboratoriais dispendiosas.
- **Poupança de tempo**: As simulações aceleram o processo de descoberta, prevendo rapidamente quais os complexos metal-peptídeo que podem ter efeitos biológicos interessantes.
- **Tratamentos personalizados**: A IA pode ser utilizada para conceber péptidos metálicos por medida, adaptados a necessidades terapêuticas específicas, nomeadamente no tratamento do cancro ou na reparação do ADN.

13.2 Exemplos de ferramentas de bioinformática utilizadas para prever a interação entre metais e péptidos

As ferramentas bioinformáticas desenvolveram-se rapidamente nos últimos anos e muitas delas estão agora a ser utilizadas para explorar e prever interações entre iões metálicos e péptidos. Estas ferramentas estão a desempenhar um papel fundamental na **revolução da investigação biomédica** e a preparar o caminho para **novas terapias com metais**.

1. software de ancoragem molecular

O software de docagem molecular, como o **AutoDock**, o **DockingServer** e **o GOLD**, é utilizado para prever a **conformação de complexos metal-peptídeo.** Estas ferramentas têm em conta todas as **forças de interação** (hidrogénio, iónica, Van der Waals) entre o metal e os grupos funcionais do péptido, a fim de simular a estrutura mais estável do complexo. Estas ferramentas podem ser utilizadas para selecionar os melhores candidatos para um estudo mais aprofundado no laboratório.

Exemplo de utilização: Os investigadores utilizaram o AutoDock **para simular a interação do cobre** com péptidos antimicrobianos e descobriram **locais de coordenação preferenciais** que conduzem a uma maior atividade antibacteriana.

2. Modelização por dinâmica molecular (MD)

As simulações de dinâmica molecular, como as efectuadas com **GROMACS**, **AMBER** ou **CHARMM**, podem ser utilizadas para simular a evolução dos complexos metal-peptídeo ao longo do tempo. Estas ferramentas acompanham **os movimentos atómicos,** tendo em conta as interações entre os metais, as flutuações conformacionais e as mudanças de energia, o que permite estudar a estabilidade dos complexos em diferentes condições biológicas.

Exemplo de utilização: Um estudo utilizando **o GROMACS** permitiu simular a interação de um péptido derivado da lacticina com iões **Cu^{2+}**, prevendo como este complexo poderia induzir uma melhor penetração nas membranas bacterianas, aumentando assim a sua eficácia antimicrobiana.

3. Software de previsão da estrutura secundária dos péptidos
Ferramentas como **PSIPRED**, **JPred** ou **I-TASSER** são utilizadas para prever a estrutura secundária e terciária dos péptidos e, assim, avaliar o modo como a estrutura do péptido afecta a sua capacidade de ligação a um metal. Estas previsões ajudam a conceber péptidos metálicos com a estrutura ideal para uma **coordenação eficiente do metal**.

Exemplo de utilização: Ferramentas como a **I-TASSER** são utilizadas para prever a estrutura tridimensional de novos péptidos e estimar os seus sítios de ligação a metais, facilitando a conceção de novos complexos metálicos com propriedades biológicas específicas.

4. Ferramentas de inteligência artificial para a otimização de sequências de péptidos Os algoritmos de aprendizagem automática podem ser utilizados para gerar e otimizar sequências de péptidos que se ligam especificamente a metais, mantendo as propriedades biológicas desejadas. Estas ferramentas utilizam **redes neuronais** e **bases de dados** para aprender padrões em péptidos metálicos existentes e prever sequências de péptidos eficientes.

Exemplo de utilização: Uma equipa de investigadores utilizou **redes neuronais** para gerar **peptídeos metálicos** capazes de se ligarem especificamente a iões metálicos e de terem uma menor afinidade para os receptores humanos, minimizando assim a toxicidade e maximizando a eficácia terapêutica.

13.3 Revolução na investigação biomédica

As ferramentas de bioinformática e a inteligência artificial estão a ter um **impacto transformador** na **investigação biomédica**, nomeadamente na conceção de complexos metal-peptídeo. Não só estão **a acelerar a descoberta de novos candidatos terapêuticos**, como também estão a **reduzir o número de ensaios clínicos mal sucedidos**, melhorando a precisão das previsões sobre a estrutura e a atividade dos complexos metal-peptídeo.

Os principais benefícios para a investigação biomédica incluem :

- **Otimizar os processos de desenvolvimento de medicamentos**: A IA pode otimizar o processo de descoberta de medicamentos, reduzindo a necessidade de testes experimentais iniciais.
- **Terapias mais específicas**: Combinando a modelização e a IA, é possível conceber **péptidos metálicos** altamente específicos capazes de se ligarem a alvos biológicos precisos.
- **Previsão dos efeitos secundários e da toxicidade**: Os algoritmos podem ajudar a prever a toxicidade dos complexos metal-peptídeo antes de passarem aos ensaios clínicos, reduzindo assim o risco de efeitos secundários.

Conclusão

A integração da **informática** e da **inteligência artificial** na conceção de complexos metal-peptídeo representa um grande passo em frente na inovação biomédica. Estas tecnologias permitem conceber novos complexos de forma mais eficiente, com **maior precisão** e **a custos mais baixos**. Num futuro próximo, a IA poderá não só acelerar a descoberta de novos tratamentos para doenças complexas, mas também permitir a **criação de terapias mais direcionadas e personalizadas** para pacientes que sofrem de uma variedade de doenças.

Conclusão

Nas últimas décadas, a **química dos complexos metal-peptídeo** registou avanços espectaculares, apoiados por descobertas científicas, inovações tecnológicas e abordagens multidisciplinares. Estes complexos metálicos, que combinam **péptidos** e **metais essenciais**, representam um campo em rápida expansão, com aplicações cada vez mais diversificadas e promissoras no **sector biomédico**.

Resumo da evolução recente

Os recentes desenvolvimentos na conceção e aplicação de complexos metal-peptídeo transformaram a nossa compreensão do seu papel biológico e terapêutico. Foram feitos progressos significativos na **síntese de péptidos metálicos**, em particular com a utilização de abordagens modernas como a **modelização computacional** e **a inteligência artificial**. Estas tecnologias permitem a **conceção racionalizada** de complexos metal-peptídeo, promovendo interações específicas e eficazes com alvos biológicos e minimizando os efeitos secundários.

As aplicações biomédicas dos complexos metal-peptídeo também se alargaram, incluindo não só o tratamento do **cancro**, das **doenças**

neurodegenerativas e das **infecções resistentes aos antibióticos**, mas também **a reparação do ADN** e **a proteção celular** contra o stress oxidativo. As propriedades **antioxidantes**, **antimicrobianas** e **anticancerígenas** combinadas dos complexos metal-peptídeo fazem destas moléculas candidatas ideais para futuras terapias de ponta.

A importância crescente dos péptidos metálicos na medicina do futuro

Os péptidos metálicos estão agora no centro da **medicina do futuro**, nomeadamente na **nanomedicina**, na **terapia genética** e nos **tratamentos específicos**. As suas **propriedades escaláveis**, a possibilidade de **modificações químicas finas** e a sua capacidade de interagir com uma variedade de **metais biológicos essenciais** abrem novas vias terapêuticas. A integração destes complexos em **nanopartículas** ou em **nanomedicamentos** poderá melhorar a **capacidade de atingir o alvo** e **a seletividade dos tratamentos**, oferecendo soluções mais eficazes e personalizadas para doenças complexas como o **cancro** ou **as doenças neurodegenerativas**.

Além disso, a **sinergia entre péptidos e metais** em **complexos moduláveis** permite conceber tratamentos capazes de ultrapassar os **problemas de resistência aos medicamentos**, nomeadamente no contexto das **infecções multirresistentes** e das **doenças crónicas**. Os péptidos metálicos poderiam também desempenhar um papel crucial na **reparação dos tecidos** e **do ADN**, nomeadamente nas terapias genéticas orientadas.

Reflexões sobre a contribuição futura dos complexos metal-peptídeo em aplicações biomédicas inovadoras

À medida que **a investigação fundamental** e **os avanços tecnológicos** continuam a progredir, o futuro dos **complexos metal-peptídeo** parece particularmente promissor. A utilização de **ferramentas de bioinformática, da inteligência artificial** e das **nanotecnologias** poderá conduzir à **conceção de novas classes de terapêuticas**, oferecendo soluções mais precisas, menos invasivas e mais eficazes para uma série de condições médicas.

É provável que **as aplicações dos complexos metal-peptídeo** se estendam para além dos tratamentos convencionais, incluindo **inovações terapêuticas** como :

- **Entrega orientada de genes** e **medicamentos** através de complexos metal-peptídeo encapsulados **em nanopartículas,** com o objetivo de **aumentar a precisão dos tratamentos** e reduzir os efeitos secundários.

- **Terapia antiviral** e **antibacteriana**, em que os complexos metal-peptídeo desempenharão um papel fundamental na **luta contra as infecções multi-resistentes** e a emergência de novas **resistências** aos antibióticos.
- **Reparação de tecidos** e **regeneração celular**, em que metais como o zinco e o cobre, ligados a péptidos específicos, poderiam promover mecanismos **de reparação do ADN** e **reduzir o stress oxidativo**, abrindo novos horizontes no tratamento de doenças degenerativas e do envelhecimento celular.

Em suma, os complexos metal-peptídeo representam uma **fronteira excitante** na investigação biomédica, com um potencial **revolucionário** para numerosas aplicações terapêuticas. O futuro deste campo parece rico em possibilidades, com avanços contínuos na **compreensão das interações bio-inorgânicas** e na **criação de novos materiais biomédicos**, conduzindo a um melhor **diagnóstico**, **tratamento** e **prevenção** das doenças humanas.

Referências:

1. Liu, Y., et al. (2023). "Inteligência artificial no design de medicamentos: o papel do aprendizado de máquina em complexos metálicos baseados em peptídeos". Fronteiras em Farmacologia, 14, 334-345.
2. Singh, R., et al. (2022). "Previsão da ligação de íons metálicos em peptídeos usando abordagens computacionais". Journal of Computational Chemistry, 43(8), 920-930.
3. Chen, J., et al. (2021). "IA e bioinformática na conceção de peptídeos terapêuticos à base de metal". Bioinformática, 37(11), 1450-1460.
4. Yin, H., et al. (2020). "Peptídeos e complexos metálicos: o futuro da terapia antimicrobiana e anticâncer". Ciência e Engenharia de Materiais C, 110, 110758.
5. Wang, Y., & Chan, W. C. (2006). A química da síntese de péptidos. Em *Peptide Synthesis and Applications* (pp. 45-67). Wiley-VCH.
6. Gellman, S. H., & Angell, Y. L. (2007). The synthesis of peptides. Em *Modern Peptide Chemistry* (pp. 211-256). Springer.

7. Henninot, A., & Le Couvey, P. (2019). Avanços na síntese de peptídeos e proteínas. Em *Bio.*
8. Maret, W., & Li, Y. (2009). "A química bioinorgânica do zinco e o seu papel nos processos celulares". Biochemical Journal, 385(2), 1-18.
9. Bezerra, C. S., & Sette, L. D. (2020). "Cobre na bioquímica e seu papel na catálise enzimática". Farmacologia Bioquímica, 178, 114119.
10. Gaggelli, E., et al. (2006). "O papel do cobre na biologia e o papel do cobre na doença de Alzheimer". Bioinorganic Chemistry, 41, 11-17.
11. Puzon-McLaughlin, W., & Holmes, L. S. (2007).
12. Lippard, S. J., & Berg, J. M. (1994). "Princípios de Química Bioinorgânica". University Science Books.
13. Crichton, R. R., & Wilmet, S. (2013). "Química inorgânica biológica: uma visão geral". Em *Bioquímica dos Elementos de Transição* (pp. 1-24). Springer.
14. Seybold, C., & Mertens, P. (2017). "Peptídeos como ligantes de ligação a metais na medicina". Jornal Europeu de Química Medicinal, 137, 269-283.

15. Meunier, B. (2016). "Metais em química bioinorgânica: uma introdução". Coordination Chemistry Reviews, 309, 1-10.

16. Pace, H., & Wenzel, T. (2019). "Complexos metal-peptídeo em catálise e liberação de drogas". Chemical Society Reviews, 48, 3516-3528.

17. Callewaert, C., et al. (2019). "Complexos peptídicos à base de cobre para o tratamento de infecções bacterianas resistentes a múltiplos medicamentos". Fronteiras em Microbiologia, 10, 2560.

18. Ebrahimian, M., et al. (2018). "Complexos de polimixina B-cobre: uma nova abordagem para combater bactérias resistentes". Cartas de Química Bioorgânica e Medicinal, 28 (7), 1152-1156.

19. Ghosh, S., & Ghosh, R. (2017). "Peptídeos derivados da Lacticina por suas atividades antimicrobianas e complexação de cobre". Jornal de Microbiologia Aplicada, 122 (3), 577-588.

20. Sarma, B. K., et al. (2020). "Peptídeos antimicrobianos: um novo horizonte no tratamento de infecções resistentes a medicamentos". Revista Internacional de Ciências Moleculares, 21(11), 3775.

21. Jia, X., et al. (2018). "Complexos peptídicos à base de platina para terapia direcionada ao câncer: mecanismos e aplicações". Jornal de Química Medicinal, 61(12), 4779-4792.

22. Jiang, X., et al. (2020). "Nanopartículas de peptídeo-metal como vetores para entrega de genes na terapia do câncer". Biomateriais, 265, 120393.

23. Frye, J. S., et al. (2019). "Peptídeos terapêuticos no tratamento do câncer: desafios atuais e direções futuras". Química Medicinal Futura, 11(4), 433-448.

24. Bertini, I., Luchinat, C., & Rizzotti, S. (2001). "NMR de metaloproteínas e metaloenzimas". Em *Bioinorganic Chemistry: Inorganic Elements in the Chemistry of Life* (*Química Bioinorgânica: Elementos Inorgânicos na Química da Vida*) (pp. 345-378). Wiley-VCH.

25. Berkowitz, A. L., et al. (2017). "Complexos Peptídeo-Metal na Defesa Antioxidante: Mecanismos e Aplicações". Journal of Inorganic Biochemistry, 173, 75-88.

26. Lee, S. H., et al. (2018). "Complexos de glutationa e manganês na defesa celular contra o estresse oxidativo". Biologia e Medicina Radical Livre, 120, 324-331.

27. Gomez, D. A., et al. (2019). "O papel da Cu / Zn-Superóxido Dismutase no reparo do DNA e na proteção celular contra danos oxidativos". Ciências da Vida Celular e Molecular, 76 (2), 261-276.

28. Caldwell, S. R., et al. (2019). "Desafios no projeto de complexos metal-peptídeo para aplicações biomédicas". Chemical Reviews, 119(10), 5276-5297.

29. Zhang, Q., et al. (2020). "Complexos metálicos baseados em peptídeos: design racional e aplicação na entrega de medicamentos". Biomaterials, 231, 119681.

30. Liu, X., et al. (2018). "Projetando complexos metal-peptídeo para terapia direcionada: uma abordagem computacional". Jornal de Química Medicinal, 61(18), 8407-8416.

31. Lee, H., et al. (2020). "Nanopartículas à base de peptídeos para entrega de medicamentos direcionados e aplicações terapêuticas". Jornal de Liberação Controlada, 320, 176-187.

32. Koch, C., et al. (2019). "Complexos metal-peptídeo em nanomedicina e suas aplicações biomédicas". Biomaterials, 211, 61-74.

33. Stolz, F., et al. (2021). "Metaloproteínas peptídicas em biotecnologia e medicina: engenharia, aplicações e perspectivas futuras." Nature Communications, 12, 6251.

34. Banci, L. (2014). *Manual sobre metaloproteínas*. Wiley-VCH.

35. Sigel, A., & Sigel, H. (2004). *Metallomics: A Ciência dos Metais no Mundo Biológico*. Springer.

36. Lakowicz, J. R. (2006). *Princípios de Espectroscopia de Fluorescência* (3ª ed.). Springer.

37. Cohen, S. M., & Dempsey, J. L. (2015). *Química de coordenação de complexos metal-peptídeo*. Wiley-VCH.

38. Chen, W., & Brooks, C. L. (2010). *Métodos computacionais em estrutura e dinâmica de proteínas*. Springer.

39. Snyder, R. G., & Cava, R. J. (1999). *X-ray Crystallography: A Handbook for Structural Chemists*. Wiley.

40. Lennox, R. W., & Langford, J. K. (2013). *Introdução à Química Bioinorgânica*. Oxford University Press.

41. White, C.W., & White, D.C. (2004). *Métodos Espectroscópicos e Electroquímicos em Química Inorgânica*. Elsevier.

42. Lippard, S. J., & Berg, J. M. (1994). *Principles of Bioinorganic Chemistry*. Mill Valley, CA: University Science Books.

43. Harrison, M. D., & Bell, R. M. (2000). *Peptides and Peptidomimetics as Drugs*. Springer.

44. Saito, N., & Kumagai, T. (2003). *Bioinorganic Chemistry of Metal Complexes with Biomolecules (Química Bioinorgânica de Complexos Metálicos com Biomoléculas*). Wiley-VCH.

45. Bertini, I., Luchinat, C., & Neri, S. (2010). *Química Biomolecular de Peptídeos e Metaloproteínas*. Oxford University Press.

46. Dixon, D. P., & Edwards, R. (2013). *Antioxidantes e o papel dos complexos metálicos no estresse oxidativo*. Springer.

47. El-Batran, S. G., & El-Sayed, A. M. (2014). *Biomateriais baseados em peptídeos: síntese e aplicações*. Elsevier.

48. Rosenberg, B., & Van Camp, L. (2003). *Medicamentos à base de platina na terapia do cancro*. Em *Cancer Chemotherapy: A Guide for the Practicing Oncologist*, 2ª Edição. Humana Press

Glossário:

Aminoácidos: Compostos orgânicos que se ligam entre si para formar péptidos e proteínas.
Ligação peptídica: Ligação covalente formada entre o grupo amina de um aminoácido e o grupo carboxilo de outro aminoácido.
Síntese de resina: Método de síntese de péptidos em que os aminoácidos são adicionados sequencialmente a uma resina sólida.
Péptidos recombinantes: Peptídeos produzidos por células hospedeiras após expressão do gene que codifica o peptídeo de interesse.
Peptídeos terapêuticos: Pequenas cadeias de aminoácidos utilizadas no tratamento de várias patologias, incluindo cancro e doenças genéticas.
Peptídeos antimicrobianos (AMPs): Pequenas cadeias de aminoácidos com a capacidade de matar ou inibir o crescimento de microrganismos, incluindo bactérias, fungos e vírus.
Peptidomiméticos: Compostos químicos que imitam a estrutura dos péptidos, mas modificados para melhorar a sua estabilidade ou afinidade por determinados receptores.
Peptídeo metalomimético: Um peptídeo concebido para imitar as propriedades de um metal específico ou de um complexo metálico.

Peptídeos metálicos: Peptídeos que formam complexos com iões metálicos, modificando as suas propriedades biológicas. **Metalotioneína**: Proteína que se liga a metais pesados, desempenhando um papel na regulação e desintoxicação de metais. **Zincoenzimas**: Enzimas que contêm zinco na sua estrutura, crucial para a sua atividade catalítica. **Ferritina**: Proteína que armazena ferro nas células. **Metaloproteínas**: Proteínas que contêm um metal na sua estrutura, essencial para a sua atividade catalítica. **Complexo metálico**: Conjunto formado por um metal central ligado a ligandos, frequentemente em proteínas ou enzimas. **Complexos metal-peptídeo**: Compostos formados pela coordenação de um íon metálico (como Cu^{2+}, Zn^{2+}, Fe^{2+}) a um peptídeo. Estes complexos podem modular a atividade biológica do péptido. **Complexo monodentado**: Complexo no qual um único grupo funcional se liga a um metal. **Complexo bidentado**: Complexo no qual dois grupos funcionais se ligam a um metal. **Complexo polidentado**: Complexo no qual vários grupos funcionais se ligam a um metal. **Coordenação**: Interação química entre um metal e ligandos, frequentemente através de átomos de enxofre, azoto ou oxigénio.

Quelação: Processo pelo qual um metal forma ligações estáveis com vários átomos de um ligando (como um péptido).

Quelação dinâmica: Processo pelo qual um ligando, frequentemente um péptido, se liga e desliga reversivelmente de um ião metálico, permitindo uma regulação fina das interações metal-ligando.

Mecanismo de coordenação: Processo pelo qual um metal se liga a um ligando, como um péptido, para formar um complexo estável.

Catálise bioinorgânica: Utilização de complexos metálicos em reacções químicas promovidas por sítios catalíticos, imitando a ação de enzimas naturais.

Stress oxidativo: Condição em que a produção de radicais livres excede a capacidade antioxidante do organismo, levando a danos celulares.

Radicais livres: Átomos ou moléculas com um eletrão desemparelhado, o que os torna altamente reactivos e capazes de causar danos biológicos, particularmente no ADN e nas membranas celulares.

Superóxido dismutase (SOD): enzima antioxidante que catalisa a conversão dos superóxidos em peróxido de hidrogénio, ajudando assim a gerir o stress oxidativo.

Cu/Zn-SOD: Forma de superóxido dismutase que contém cobre e zinco, essencial para a defesa contra os radicais superóxidos. **Glutationina**: Tripeptídeo antioxidante envolvido na proteção celular contra o stress oxidativo. **Biorreactor**: Dispositivo no qual os processos biológicos têm lugar em condições controladas, utilizado para cultivar células ou produzir biomoléculas como os péptidos. **Terapia génica**: Tratamento que consiste na inserção, eliminação ou modificação de genes nas células de um indivíduo para tratar doenças genéticas ou adquiridas. **Terapia dirigida**: Abordagem terapêutica que envolve a administração dirigida de fármacos a um local específico do corpo para reduzir os efeitos secundários e melhorar a eficácia do tratamento. **Nanopartículas**: Partículas de dimensão nanométrica (geralmente entre 1 e 100 nm) utilizadas em aplicações biológicas, químicas ou industriais, frequentemente como vectores para a administração de medicamentos ou genes terapêuticos. **Vectores genéticos**: Ferramentas utilizadas para introduzir genes terapêuticos nas células, incluindo plasmídeos, vírus modificados ou nanopartículas.

Quelante: Molécula capaz de formar complexos estáveis com iões metálicos, frequentemente utilizada para modificar a seletividade de complexos metal-peptídeo.

Dinâmica molecular: Simulação numérica dos movimentos dos átomos de uma molécula para prever as suas interações e conformação.

Docking: Método de modelização por computador para prever a interação entre uma pequena molécula (como um metal) e uma macromolécula (como um péptido).

Nanomedicina: Aplicação da nanotecnologia para o tratamento de doenças, nomeadamente através da utilização de nanopartículas para direcionar e distribuir medicamentos ou genes terapêuticos.

Sequenciação genética: Técnica para determinar a ordem das bases nucleotídicas (ADN ou ARN) num genoma.

Espectroscopia UV-Vis (Ultravioleta-Visível): Técnica de espetroscopia que mede a absorção de luz na gama do ultravioleta (UV) e do visível (Vis) pelas moléculas. É utilizada para estudar as transições electrónicas das moléculas, como os complexos metal-peptídeo.

Espectroscopia FT-IR (Infravermelhos com Transformada de Fourier): Técnica espectroscópica que mede a absorção de radiação infravermelha por moléculas. É utilizada para examinar as vibrações de grupos funcionais em péptidos, particularmente quando coordenados com iões metálicos.

Dicroísmo circular (CD): Espectroscopia que mede a absorção diferencial de luz polarizada circularmente, permitindo estudar a estrutura secundária dos péptidos e as alterações conformacionais induzidas pela ligação a metais.

Fluorescência: Método que mede a emissão de luz por uma molécula após excitação por uma fonte de luz. É utilizado para observar o ambiente local de fluoróforos em péptidos e complexos metal-peptídeo.

Ressonância magnética nuclear (RMN): Esta técnica é utilizada para estudar a estrutura tridimensional dos péptidos e dos complexos metal-peptido à escala atómica. Baseia-se na interação dos núcleos atómicos com um campo magnético externo.

RMN paramagnética: Variante da RMN utilizada para complexos que contêm iões metálicos paramagnéticos, como o Fe^{3+} ou o Cu^{2+}. Estes iões têm spins de electrões não emparelhados, o que afecta os espectros de RMN.

HPLC (High Performance Liquid Chromatography): Técnica de separação das moléculas de uma amostra em função das suas propriedades químicas, que permite purificar e analisar péptidos e complexos metal-peptídeo.

Cromatografia de permuta iónica: Técnica utilizada para separar os iões em função da sua carga e afinidade por um material de permuta iónica, utilizada para isolar complexos metal-peptídeo.

Cristalografia de raios X: Técnica de difração de raios X utilizada para determinar a estrutura atómica de moléculas em cristais. É utilizada para visualizar a geometria e as interações dos complexos metal-peptídeo.

Espectrometria de massa (MS): Técnica analítica utilizada para medir a massa das moléculas. É utilizada para determinar a composição molecular de péptidos e complexos metal-peptídeo e para identificar modificações pós-tradução.

MS/MS (espetrometria de massa em tandem): Variante da espetrometria de massa utilizada para fragmentar iões e analisar os produtos de fragmentação para determinar a sequência de péptidos e as suas interações metálicas.

MIX
Papier aus verantwortungsvollen Quellen
Paper from responsible sources
FSC® C105338

Printed by Books on Demand GmbH, Norderstedt / Germany